国家十二五规划图书·前沿科技聚焦

丛书顾问：谢家麟　刘嘉麒

信息时代的幽灵

黑　客

许榕生　著

科学普及出版社
·北　京·

图书在版编目（CIP）数据

信息时代的幽灵——黑客 / 许榕生著．—北京：科学普及出版社，2015.8
（前沿科技聚焦）
ISBN 978-7-110-08926-2

Ⅰ. ①信…　Ⅱ. ①许…　Ⅲ. ①计算机网络—安全技术　Ⅳ. ① TP393.08

中国版本图书馆 CIP 数据核字 (2015) 第 169634 号

策划编辑　赵　晖　付万成
责任编辑　付万成　夏凤金
插　　图　崔君旺
装帧设计　中文天地
责任校对　凌红霞
责任印制　张建农

出版发行　科学普及出版社
地　　址　北京市海淀区中关村南大街16号
邮　　编　100081
发行电话　010-62103130
传　　真　010-62179148
网　　址　http://www.cspbooks.com.cn

开　　本　787mm × 1092mm　1/16
字　　数　150千字
印　　张　6
版　　次　2015年9月第1版
印　　次　2015年9月第1次印刷
印　　刷　北京凯鑫彩色印刷有限公司
书　　号　ISBN 978-7-110-08926-2 / TP · 220
定　　价　30.00元

序 言

本书写于 2013—2014 年，正值全球空前关注“黑客攻击”的时期。出版社希望有一本通俗的科普书介绍互联网的黑客。鉴于描写黑客的书已经不少，为了不再雷同，本书着重针对目前的热点问题，试图回答、分析“黑客攻击”这一争议不休的问题。本人不是黑客，但算是黑客技术的爱好者，涉足黑客防范领域 20 年，应该说认识不少黑客朋友，包括国外的一些黑客高手。作者希望用独立的观点来解读中国黑客成长的历史，书中尽可能列出各方面的材料，包括各国有关“中国黑客攻击”的报道，也包括中国政府阐明的立场态度。

按照流行的定义，早期的黑客是褒义的，指的是有电脑技术的人善于发现漏洞，乐于帮助他人。后来的“黑客”指的是攻击他人电脑达到炫耀自己才能或其他目的的人，现在黑客有正义的也有邪恶的，不过有人相信以后的黑客会重回“共享和平利用网络”的道路。本书将黑客视为信息时代的幽灵，一种奇妙的幽灵，它在互联网中游荡。

中国曾经期盼着互联网的到来，互联网在中国普及后，随即便成为网络攻击的最大受害者之一。但现在也被称为“黑客攻击的超级大国”，虽然，还没有人指责中国黑客要摧毁他国的基础设施、刻意进行网络破坏。世界各国正在积极参与国际网络安全建设，共同打击跨国网络刑事犯罪活动，中国也不例外。

渲染“中国黑客威胁论”只不过是某些国家为了强化“网络战力量”的图谋。

美国构建网络攻击力量的历史远远超过外界的想象，还在“中国黑客”出现之前，美国就已经将“网络战”应用到实际战争中了。例如，1991 年的海湾战争，通过植入对方电脑病毒，再在空袭前用遥控手段激活这些病毒，导致美空军飞临巴格达上空时，伊拉克防空系统已经瘫痪。

中国网民必须保持互联网的自律，尤其在国际发生重大事件、突发事件时，要及时引导民间黑客保持理性头脑，避免过激行为。特别是避免发生黑客们的自发性、群体性、集中性的过激行动。在打击对网络空间恶意破坏和应对网络战方面，做到有法可依、有法必依。中国不应该也不能够被扣上张牙舞爪的“黑客超级大国”帽子。

各国的未成年人都正面临着“黑客门”的危机。有一位六七岁的中国小女孩不经意听完黑客犯罪的故事对大人说：“我觉得黑客很了不起！”她的盲目崇拜提醒了我们，要让孩子们正确认识黑客。怎样让他（她）们不误入歧途，已经是未成年人思想道德教育的一个重要任务。孩子的好奇心、炫耀心比较强，如果对黑客盲目地向往和崇拜，一旦掌握了一些黑客技术就想试试，期望一举成名，这值得全社会的警惕。家长和老师应该从心理上“把好脉”，从技术上“占上风”，这样才能更好地跟孩子沟通、教育好孩子成为信息时代的新人。

本书按时间顺序，从互联网传到中国，黑客的涌现和演变，以及近年发生的“黑客攻击”潮，作者划分四个阶段，分六章来写。其中，第一章讲述黑客的由来，第六章针对网络战专题。书中介绍了中国网络安全研究的启动，以及网络安全人才的培养问题。信息技术发展迅速，人才是关键，书中作者力求体现“以人为本”的特点。黑客是善于“独马行空”，但也不乏聚会结伴，团队配合。正因为如此，每年的世界黑客大会能够聚集数千人来“朝拜”，而且，在世界各地相聚，或许有一天国际黑客大腕也要到我们中国来会合呢。

中国不必要被指责为“网络攻击源”，但中国决不可忽视黑客技术和网络战人才。今天，哪个国家不重视网络安全的技术与人才，那就是自废功力。那种认为有了经济后盾，或者储备了核武器、航空母舰就能成为军事强国的思维并不全面。当今是信息技术时代，网络战正在悄然到来，这与一百年前的甲午海战或第二次世界大战时期的军事交手形式绝对不一样。在全球范围也好，或者周边地区也好，想成为战无不胜的军事强国，网络空间的主导权必须要占据优势，也即必须具备信息技术的杀手锏以及掌握这些技术的各个层次人才。

目录

黑客的由来 第一章

黑客（hacker）最早出现在美国，早期的黑客是褒义的，指的是有电脑技术的人乐于帮助他人解决一些电脑网络的问题，不局限于老的模式，提倡“自由创新就是一切”。演变到后来的黑客指的是用软件攻击他人电脑，达到炫耀自己才能或其他目的的人。现在，“黑客”还常常是双重含义，有正义的，指的是计算机网络高手；也有邪恶的，指的破坏计算机网络系统的犯罪分子或敌对方。

黑客（Hacker）一词，最初曾指热心于计算机技术、水平高超的电脑专家，尤其是程序设计人员，逐渐区分为白帽、灰帽、黑帽等，其中黑帽（black hat）实际就是cracker。在媒体报道中，黑客一词常指那些软件骇客 (software cracker)，而与黑帽子相对的则是白帽子。

第一节　四位著名的黑客

在这里，我们盘点一下历史上典型的几位国际黑客，看看他们的人生轨迹：

1. 弗雷德・科恩（Fred Cohen）

计算机先驱者冯・诺伊曼在《复杂自动装置的理论及组识的进行》里，描述了病毒程序的蓝图。不过在当时，绝大部分的电脑专家都无法想象会有这种能自我繁殖的程序。1975 年，美国科普作家约翰・布鲁勒尔写了《震荡波骑士》一书，该书塑造了在信息社会中，计算机作为正义和邪恶双方斗争工具的故事，成为当年最佳畅销书之一。1977 年夏天，托马斯・捷・瑞安的科幻小说《P-1 的春天》再次成为美国的畅销书，作者在这本书中描写了可以在计算机中互相传染的病毒，病毒最后控制了 7000 台计算机，造成了一场灾难。虚拟科幻小说世界中的东西，在几年后不幸终于成为电脑使用者的噩梦。

“计算机病毒之父”的桂冠落到了弗雷德・科恩（Fred Cohen）的头上。1983 年，在南加州大学读研究生的弗雷德・科恩师从 RSA 加密算法的三位发明

“计算机病毒之父”弗雷德・科恩，2012 年游览北京名胜，作者（右）陪同。

1977 年夏天，托马斯 · 捷 · 瑞安的科幻小说《P–1 的春天》再次成为美国的畅销书，作者在这本书中描写了可以在计算机中互相传染的病毒，病毒最后控制了 7000 台计算机，造成了一场灾难。

者之一——罗纳德·阿德莱曼，在一天下午听阿德莱曼讲课时，一种寄生应用程序的理念突现在他的脑海中。这个理念与 RSA 算法并没有直接的关系，但著名的 RSA 这一名称是由加密算法的三位发明者利维斯特（R）、沙米尔（S）和阿德莱曼（A）的姓氏首字母组成。当年的 11 月 3 日，弗雷德在 UNIX 系统下编写了一个会自动复制、并在计算机间进行传染、从而引起系统死机的小程序。他将其方法和程序以论文形式发表，引起了轰动，被公认为是第一个真正通过实践让计算机病毒的概念具体成形的人，并将他编写的那段程序命名为“病毒（virus）”。20 多年来，无数的公司和个人虽然付出了巨大的代价，然而，对于越来越多的病毒和蠕虫仍然没有简单的解决方案。人们对互联网的攻击很关注，但是几乎没人注意到病毒的起源，其原型的产生不是小孩子创造的，而是学术研究人员、系统管理员和那些老牌黑客。

弗雷德·科恩创造了计算机病毒，他又教人们如何战胜病毒。科恩认为，现在的互联网病毒的科学基础是在 20 世纪 80 年代建立的，其他都是自然而然形成的了。他说:“我们现在知道的那时都知道，我们现在看到的只是以前科学的工程解决方案。”弗雷德·科恩现在是加利福尼亚科学研究所的所长，除了研究、写书、教学外，他也接受技术质询，并着重于网络犯罪的调查取证。2012 年 9 月第一次访问中国，应邀参加在北京召开的国际数字取证与调查研讨会做了《未来的数字取证的工具与方法》主题报告，并和夫人游览了故宫、长城等中国名胜。经佛雷德所长授权，中国人民公安大学、中国科学院及国家信息中心电子数据司法鉴定中心的年轻人共同翻译他的一本最新著作《数字法证证据鉴定》。

2. 凯文·米特尼克（Kevin Mitnick）

凯文·米特尼克被美国司法部称为“美国历史上被通缉的头号计算机罪犯”，他的所作所为被记录在两部好莱坞电影当中：*Takedown*《骇客追缉令》和 *Freedom Downtime*《自由宕机时间》。他开始黑客生涯的起点是破解洛杉矶公交车打卡系统，并因此得以免费乘车。他还尝试盗打电话，侵入了 Sun、Novell、摩托罗拉等公司的计算机系统。17 岁那年，他第一次被捕。他还曾成功地进入了五角大楼并查看一些国防部文件。1995 年被跟踪缉拿归案，这也是他最后一

凯文对一切秘密的东西、对解密电脑系统十分痴迷，为此可以放弃一切。他被人称为是“迷失在网络世界的小男孩”。美国法庭宣布他假释出狱，规定在 3 年内，不允许他接触任何数字设备……

次被捕。获刑 5 年零 8 个月的监禁之后，米尼克现在经营着一家计算机安全公司。凯文・米特尼克由于家庭环境的变迁导致其性格十分孤僻，但他玩电脑、入侵网络似乎仅仅是为了获得一种强大的权力，他所做的一切似乎都不是为了钱，也不仅仅是为了报复他人或社会。他对一切秘密的东西、对解密电脑系统十分痴迷，为此可以放弃一切，被称为："迷失在网络世界的小男孩"。美国法庭宣布他假释出狱，规定在 3 年内，不允许他接触任何数字设备，包括程控电话、手机和任何电脑。

3. 罗特・莫里斯（Robert Morris. Jr.）

根据报道，20 世纪 60 年代的美国安全局（NSA）计算机专家罗伯特・莫里斯在家里给一项对弈游戏研究一种具有极大杀伤力的程序，以便成功地攻击对手。这使他的儿子罗特・莫里斯从小接触到计算机。12 岁的罗特就编出高质量的电脑程序，18 岁时，就具有在最负盛名的贝尔实验室和哈佛大学当过程序员的赫赫经历。1988 年 11 月，在美国康乃尔大学一年级读研究生的罗特，创建了第一个在互联网上广泛传播的蠕虫程序。互联网的管理人员首次发现网络有不明入侵者，它仿佛是网络中的超级间谍，不断地截取用户口令等网络中的文件，欺骗网络中的"哨兵"，长驱直入互联网中的用户电脑。入侵得手，立即反客为主，并闪电般地自我复制，抢占地盘。用户目瞪口呆地看着这些不请自来的神秘入侵者迅速扩大战果，充斥电脑内存，使电脑莫名其妙地死机。从美国东海岸到西海岸，互联网用户陷入一片恐慌。短短 12 小时内，有 6200 台采用 UNIX 操作系统的 SUN 工作站和 VAX 小型机瘫痪或半瘫痪，不计其数的数据和资料毁于这一夜之间。造成一场损失近亿美元的空前大劫难！1990 年，纽约地方法庭根据罗特・莫里斯设计病毒程序，造成包括国家航空和航天局、军事基地和主要大学的计算机停止运行的重大事故，判处他 3 年缓刑，罚款美金 10000 元，义务为社区服务 400 小时。浪子回头金不换，罗特・莫里斯现在担任麻省理工学院电脑科学和人工智能实验室的教授。

罗特创建了第一个在互联网上广泛传播的“蠕虫”程序。互联网的管理人员首次发现网络有不明入侵者，它仿佛是网络中的超级间谍，不断地截取用户口令等网络中的文件，欺骗网络中的“哨兵”，长驱直入互联网中的用户电脑……

4. 阿丹姆 · 罗尔（Adam Laurie）

2009 年到无锡报告的有一位国际蓝牙 SIG 的通信安全专家，他是来自英国的著名硬件黑客高手——阿丹姆 · 罗尔。此人到会那天，刚进五星级宾馆房间几分钟就转身出来对我们说，这家宾馆的门禁不安全，已经被他破解，并复制了一张通用的门禁卡，可以打开所有房间的门。实际上，他从小就是开锁能手，随身总是携带小工具，遇见门窗有锁的地方都要去试试手。但他从没有搞坏过别人家的锁，也从不会偷窃。反之，邻居家的锁坏了或钥匙丢了，就会请这位“好孩子”来帮着修。到了电子时代，出现了门禁、身份证之类的芯片技术，导致他又成了破解数字密码的高手。阿丹姆尤其擅长复制绿卡、电子护照之类的技术，他那年在无锡的报告题目就是告诉人们如何破解正在流行的电子护照漏洞，这种电子护照在各国旅行过海关时，可以无人干预地自动通关，像汽车上装了“电子缴费卡”方便过收费站一样。在报告现场阿丹姆借用一位美国人的

阿丹姆请大家不要对着屏幕照相，他随即把电脑上这本护照号码改成了 123456，把照片换成了本 · 拉登的肖像，这一连串的动作，引起听众一阵哄笑……

护照（嵌入芯片的），当场用扫描器接收芯片信息，并输入到他的电脑笔记本里。然后，由他的软件很快解析出芯片的所有信息内容，包括个人照片、姓名、出生年月日、护照号等，还显示出指纹、虹膜等图像。这些信息在他电脑里可以任意被修改、替换。这时，他请大家不要对着屏幕照相，随即把电脑上这本护照号码改成了 123456，把照片换成了本·拉登的肖像，这一连串的动作，引起听众一阵哄笑。但他严肃地告诉大家，他知道如何写回到护照去，一旦这样做就改了这本护照，事情就闹大了！

可以举出更多的例子来说明黑客的特征，他们所作所为与通常人们所熟悉的犯罪不同，所做的这一切似乎都不是完全为了钱，当然也不是仅仅为了报复他人或社会。但是，他们却像幽灵一样，出现在互联网时代的上空，划过一道道蓝光，给人一阵阵的惊吓。这一切也让人们思索他们的命运，他们的由来和他们身上的价值。

上面叙述的米特尼克作为一个计算机程序员，出身贫寒，据说后来开的是一辆旧车，住的也是他母亲的旧公寓。他也没有想过利用自己解密能力进入某些系统后，用窃取的重要情报来卖钱。对于 DEC 公司的指控，他说："我从没有动过出售他们的软件来赚钱的念头。"当美国的检察官控告他损害了他进入的计算机时，他甚至流下了委屈的眼泪。莫里斯制作计算机病毒也不是有意去散布病毒，而是实验上的一个失误，当然，后果十分严重。至于佛雷德和阿丹姆则都是令人敬佩的学者、专家，是当今网络犯罪调查与国际网络反恐的高手。如果说他们四位值得我们尊敬或同情，但是，下面两位黑客"高手"就是另一回事了。

第二节　"计算机天才"的悲剧

1. 热罗姆·盖维耶尔（Jerome Kerviel）

热罗姆·盖维耶尔是一名法国银行的交易员，从 2007 年上半年开始在上级不知情的情况下从事违规交易，交易类型为衍生品市场中最基本的股指期货。由于投入大量资金，市场颓势，盖维耶尔管理的账户出现巨额亏损。盖维耶尔使用隐蔽手段，瞒天过海，管理层直至半年后才发现这一重大问题。用法兰西银行行长的话说，盖维耶尔可谓“计算机天才”，居然通过了银行“5 道安全关”获得使用巨额资金的权限，涉及 49 亿欧元的巨额欺诈案。盖维耶尔遭警方拘捕之后，虽经过他的申诉后获释，但目前仍然在接受针对违背诚信、滥用电脑以及伪造文件等指控的正式调查。盖维耶尔的获释是有条件的，他的行动受到严格限制：比如不能进入交易室或交易所，也不能从事与金融市场有关的活动，并且需要每周到警察局报到，不可以在没有允许的情况下离开大巴黎区。

2. 亚伦 · 斯沃茨（Aaron Swartz）

亚伦 · 斯沃茨因涉嫌非法侵入麻省理工学院和 JSTOR（存储学术期刊的在线系统）被指控。2011 年 7 月，美国麻省检察官控告亚伦电脑欺诈，因为亚伦攻击连接麻省理工学院网络上的一台电脑，并下载约 400 万份学术论文。检察官认为亚伦非法持有来自受保护电脑的信息资料，且有意通过 P2P 网络向外散布，面临最高 35 年的牢狱之灾与 100 万美元的罚款。当该案正在认罪辩诉阶段，亚伦 · 斯沃茨却于 2013 年 1 月 11 日在其纽约布鲁克林的寓所内，用一根皮带上吊自杀，年仅 26 岁。

亚伦 12 岁时，写了第一个计算机程序；13 岁时，因建一个网站而获奖；14 岁，他成为万维网发明者蒂姆 · 伯纳斯 – 李领导的 W3C-RDF 核心工作小组的成员，设计了一种排版语言，并参与了其他许多计划。亚伦曾在哈佛大学就读一年。2000 年，他又用“维基”技术开发了一套百科全书的方案；2005 年，他开办的公司被并入美国最火的社交新闻网站（Reddit），当时亚伦还不到 26 岁。这样一位年少成名的计算机天才以自杀的方式走完了人生路，令人惋惜，亚伦的葬礼上蒂姆 · 伯纳斯 – 李为他致了悼词。

不论是热罗姆还是亚伦，他俩的手段似乎都不像恶毒的罪犯，但他们显然踩踏了法律的红线。只要互联网存在，就难以从根本上杜绝黑客犯罪。为了阻止这一高科技领域的犯罪现象，需要尽快制定有关国际法规，各国也应及时强调相应的法律，并设立公正的管理机构。加强网络法律教育非常关键，要让那些具有计

这样一位年少成名的计算机天才以自杀的方式走完了人生路，令人惋惜，亚伦的葬礼上蒂姆·伯纳斯－李为他致了悼词。

算机才能的人特别是青少年通过正当途径发挥自己的才能，不要冒犯法律，更不能堕落为网络犯罪分子。

第三节　国际黑客大会风光

信息时代的黑客高手遇到的纠结问题，黑客群体也尝试着自己来解决。世界黑客大会诞生于20世纪90年代初，由1970年出生、13岁开始黑客生涯的杰夫·莫斯（Jeff Moss）于1993年将大会起名为黑客大会（DefCon），1997年又创办黑帽大会（Black Hat）。DefCon是江湖派风格，黑帽大会则是学院派。来DefCon的人研讨如何破解系统，或者开锁。而黑帽大会的参与者多是公司，以培训防范技术为主。杰夫表示，黑客大会包含“技术”和“社交”两层意义，提倡要“在游戏规则内玩耍”。两个大会通常于每年8月份在美国的拉斯维加斯先后举行，持续半个多月，是电脑黑客们、网络安全的盛会，参会人数多达数千人。

黑客竞赛是大会最吸引人的主题之一，顶尖的黑客会在“夺旗”的竞赛项目中获得不菲的奖金。各国黑客们分组对战，通过网络获取对方服务器的根文件，从而击败对手将其拉下马。竞赛小组的成员们需要昼夜工作，几十个小时不离开电脑。各小组的成员也可以临时自由组合，比赛中还要考虑如何联合或孤立某方对手。会场内外还举办一些技术性较低的比赛，鼓励听众花费若干小时耐心听完安全厂商的宣讲，然后回答各项测验题，正确的可以赢得数千美元的奖金。

黑客大会囊括了最著名的网络安全厂商、IT企业等，带动着安全领域的产业发展。美国官方也暗中介入大会，观察研究黑客技术，并网罗招募黑客高手。2005年“黑帽大会”4个字以1400万美金卖给一家媒体。而华盛顿政府高层以国土安全部顾问委员会的名义聘任杰夫·莫斯为16个成员中的一员，他现在的工作是互联网顶级域名和数字地址分配机构的首席安全官。

世界黑客大会发展成为了全球范围的系列大会，每年除了在拉斯维加斯外，东京、阿姆斯特丹和华盛顿特区等地也成为举办地。“中国行”是世界各国黑客的梦，中国互联网的崛起和黑客的名气也是各国黑客期望中国行的原因之

黑客大会创始人杰夫·莫斯（右二）到北京中国科学院高能物理研究所与本书作者许榕生（右一）合影，左侧两位是许榕生的研究生。

一！杰夫·莫斯在 2012 年和 2013 年两次到北京，除了主持互联网大会的安全专题讨论外，还专程乘地铁到玉泉路的中国科学院高能物理研究所，陪同他的 Jayson E. Street 是当年无锡“石中剑”论坛的主席之一。在参观交流、共进晚餐时，大家特地探讨了将 DefCon 的分会办到中国的问题。看来，在中国举办世界黑客大会也只是时间上的问题。

第二章 1993—2000年网络安全保卫战

第一节 互联网这样来到中国

20 世纪 80 年代，我国科技教育界已经认识到计算机联网是影响人类社会发展的重要事件，时任中国科学院副院长的胡启恒院士亲自负责建立国际 IP 宽带专线，担起了历史重任。由于世界银行资助未到位等原因，工程进展一直处于望洋兴叹的阶段。到 20 世纪 90 年代初，作为互联网用户单位的高能物理研究所首先取得了连接中美两国之间计算机专线的突破。

在中国互联网协会发表的《中国 Internet 发展年表》上写道:“1993 年 3 月 2 日，中国科学院高能物理研究所（以下简称中科院高能所）租用 AT&T 公司的国际卫星信道建立的接入美国 SLAC 国家实验室的 64K 专线正式开通，成为我国部分连入 Internet 的第一根专线。1994 年 4 月这根专线在中国正式联结 Internet 后，也实现了 Internet 的全线连通。”

回顾 1972 年中美建交后，两国第一场的会谈内容是关于两国高能物理领域的科学合作问题，以后例行交换场地每年举行会谈。到 1991 年的中美高能物理合作会谈时，代表们正式提出建立一条从位于北京的中科院高能所到美国加州斯坦福直线加速器中心（SLAC）的计算机联网专线，以满足北京正负电子对撞机数据和软件升级

瓦特·托基（Walter Toki）教授提出开通中美互联网专线，被美国人笑称是“比登月还要难”的项目。

美国能源部高级顾问潘诺夫斯基教授1991年向美国政府递交了建立中美计算机联网的计划意见。

传输的需要。

美国斯坦福大学的瓦特·托基（Walter Toki）教授是当年中美高能物理合作组首任负责人，他为中国开通 Internet 作出了巨大的努力；多位诺贝尔奖得主以及美国能源部高级顾问潘诺夫斯基教授（北京正负电子对撞机四人领导小组成员之一、中国科学院的外籍院士）协助向美国政府沟通，取得了美国政府政策上的同意。

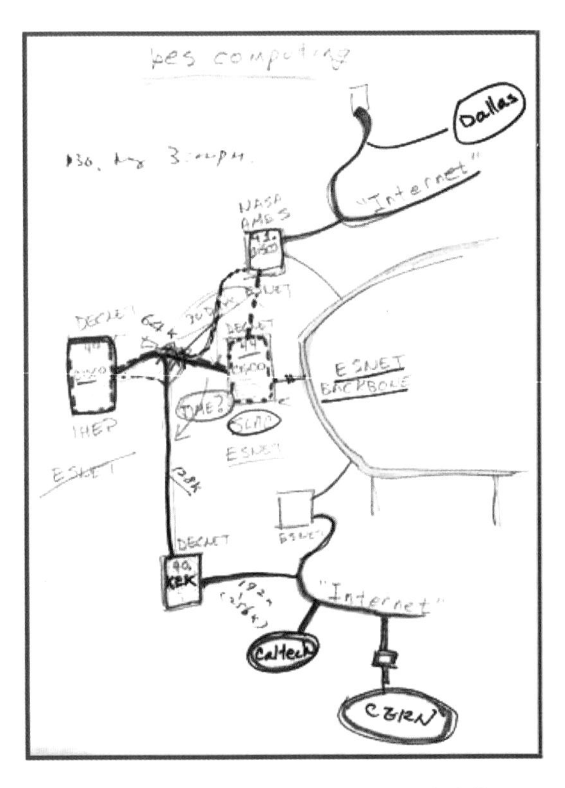

中美两国科学家1992年设计的网络专线草图

中科院高能所很快向美国思科公司订购了Cisco3000系列的路由器，这是中国向思科公司订购的第一台路由器，美方的接入单位是位于加州的斯坦福直线加速器中心（简称SLAC）的计算机中心机房。双方共同出资租用AT&T公司的 64K 带宽的卫星专线，经过 18 个月的反复调试，于 1993 年 3 月 2 日全程线路畅通投入使用。1994 年 4 月随着中国域名 CN 的确定，正式运行了 TCP/IP 协议，这样不仅为数据传输、电子邮件的开通，而且为实现 WWW 网站等互联网技术的全面实现铺平了道路。下图是美国人当年留下的一张工程示意图，由美国 SLAC 计算中心主任 Les Cottrol 提供，图中 THFP 代表中科院高能所。从图中可以看出，当时我国的国际专线：国际通信租用卫星，同时分别用光缆和铜线连到中科院高能所计算中心。

国内买的第一台 Cisco 路由器

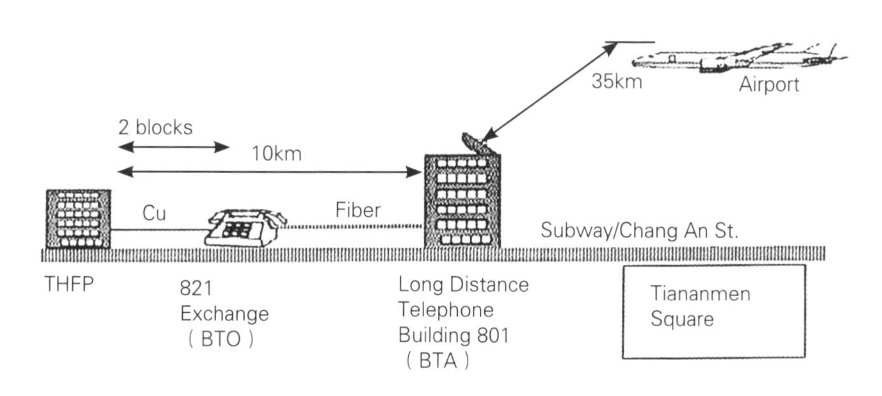

美国人留下的一张工程示意图

许多人可能不知道，就在中科院高能所刚刚试通第一条连接全球互联网的中美计算机专线，美国政府第二天就通知美国能源部关掉通往中国的线路。美国科学家立即向美国政府解释为什么开通这条互联网专线，一周以后，美国政府同意有控制地对中国开放互联网。他们发来了一些文件，对网络安全问题作了详细的规定，强调这条中美专线只能用于科研合作，不得用于军事和商业目的，并要求不得通过网络散布病毒和进行黑客入侵活动。美国政府主要担忧中国将从互联网上面拿走大量的美国科技情报。另外，20 世纪 80 年代国外黑客经常拿美国国防部网络“练手”，与之相连的美国能源部的网络也被殃及。网络数次被中断的事件使美国处于高度警惕，极其担心互联网的安全性和稳定性。

由于当时的互联网防范措施都还不成熟，黑客的频繁入侵致使美国对自身网络安全的关注度提升也情有可原。然而，中国第一条互联网专线还没有完全接通，中国黑客还没有“出生”之际，就已经被警告不要搞“黑客入侵”了！

第二节　启动网络安全研究课题

美国方面对黑客的担心应该说在某种程度上启发了中国在开通互联网时应注意网络安全这一关键问题，包括复杂的网络管理问题。中国互联网发展迅速，网民数量和上网规模将急剧增大，中国要解决的网络安全管理问题将比任何国家都要严峻得多，对中国来说可谓任重道远！

互联网引进中国不久，果然中科院高能所的一台主机就遭遇到国外黑客第一次入侵。那天，系统管理员发现有一个账号被改动和被利用，使用权限超出了范围。是黑客！研究室里一时哗然。一番讨论，大家决定实施跟踪方式。当对方发现自己被跟踪，便立即利用窃取的高级权限取消我方账号，隐蔽起来。最后，从分析跟踪的记录中获得了黑客入侵行为的确凿证据，经关机与重装系统后，阻止了对方进一步的行动。1996 年，中科院高能所计算中心网络负责人许榕生研究员被借调到国务院信息化领导小组办公室工作一年。这一年的经历让他有机会对中国互联网的发展有了一个全面而清晰的认识，他意识到：互联网事业在中国的大规模发展已成为必然趋势，而与之相伴的网络管理与安全问题也将变得更为突出。他决定返回中国科学院组建一支反黑客专业队伍，开展专题研究，增强网络安全的实力。

1997 年，正值中国科学院高技术局正式委托高能所网络安全团队承担“黑客入侵防范软件”的一个研究课题。由十多位计算机高手和研究生组成的“防黑别动队”诞生，课题组及时引进了地方的配套资金和技术人才使得课题进展迅速，仅用一年时间就开发出了第一套在 LINUX 系统下的网络漏洞扫描系统，提前一年

许榕生研究员，20 世纪 90 年代提出研究黑客入侵防范的课题，组建了国内最早期的网络安全团队。

完成课题任务。这项隶属于中国科学院的信息安全重点项目（包括密码学理论研究、网络安全示范工程等子课题，分别由中国科学院研究生院、软件所、网络中心等共同完成）于 1999 年获得中国科学院科技进步奖一等奖，2000 年 10 月获国家科技进步奖二等奖（一等奖缺）。中科院高能所的这个子课题不仅为国家培养了一批网络安全中研究黑客的领军人才，而且实现了可喜的成果转化——网络隐患扫描系统，它成为了国内最早的网络安全产品之一，并在政府、金融、电信、教育、电力、石油石化、制造等诸多的行业中得到广泛应用。

国内最早网络安全课题成果的转化——网络隐患扫描系统。

中国科学院的若干研究所和一些大学院校无疑是网络与信息安全研究成果及人才集中的主要源生地，从计算机体系结构设计到操作系统安全研究，以及

中国科学院的若干研究所和一些大学院校是人才集中的地方，从计算机体系结构设计到操作系统安全研究，以及网络协议漏洞发现、恶意软件代码和入侵取证调查方面等都成立有相应的研究课题小组。

王小云，破解 MD5 密码算法，运算量达到 2 的 80 次方。即使采用现在最快的巨型计算机，也要运算 100 万年以上才能破解。但王小云和她的研究小组用普通的个人电脑，几分钟内就可以找到有效结果。图为王小云和国际著名密码学家伊利 – 贝汉姆在交流学术问题。

网络协议漏洞发现、恶意软件代码和入侵取证调查方面等都成立有相应的研究课题小组。如果说到密码学与数据加密的研究，可以追溯到互联网出现之前，例如，原中国科学院研究生院的信息安全国家重点实验室，早在 20 世纪 80 年代就由数学家曾肯成教授（1927—2004）生前牵头成立。曾肯成教授是我国代数密码学的创始人之一，才华横溢，多次破解国际密码问题，号称“数学怪才”。中国密码学的研究一直保持着与国际前沿的交流，这个学科的优秀人才在全国各地也都时有出现，典型的是山东大学数学系毕业的王小云，她 10 年内破译了 5 个国际顶级的密码问题。《华盛顿时报》随后发表的报道称，中国解码专家开发的新解码技术，可以“攻击白宫”。王小云表示，在公众的理解上，密码分析者很像黑客，但我们的工作与黑客是有明显区别的，“黑客破解密码是恶意的，希望盗取密码算法保护的信息获得利益。而密码分析科学家的工作则是评估一种密码算法的安全性，寻找更安全的密码算法。”王小云教授现在清华大学做研究。

第三节 网络安全企业的出现

此间，北京两家老牌的网络安全公司：天融信公司（1995 年）和启明星辰公司（1996 年）分别以防火墙与入侵检测产品为主，由海内外计算机人才和企业家组成，后来均发展为国内最大的专业网络安全公司。创办者分别是：贺卫东，1987 年毕业于华中理工大学管理工程系，是中国第一套自主版权的防火墙的缔造者，于 1995 年创办北京天融信网络安全技术有限公司并任董事长。王佳（又名严望佳），1990 年复旦大学毕业后赴美获宾夕法尼亚大学博士学位，回国创立启明星辰公司并担任 CEO 至今（公司在深圳证券交易所上市）。

早年专杀病毒的公司有北京江民新科技术有限公司（简称江民科技）、北京瑞星科技股份有限公司等，出现一批国内最早从事计算机病毒防治与研究的人才和产品。原瑞星公司总经理兼总工刘旭，第一个发现并解决了 CIH 病毒；1982 年毕业于福州大学数学系计算机软件专业；1987 年考取中科院数学所硕士研究生，最后创办了北京东方微点信息技术有限责任公司。

至于江民科技的王江民总裁值得一书，他是中国网络安全界的传奇式人物。出生在山东省烟台一个普通家庭。3 岁患了小儿麻痹症，致腿部残疾。初中毕业，难找工作，在街道小厂当技术员近 20 多年。1989 年，已 38 岁的王江民开始学习电脑，两年后成为中国出色的反病毒专家。45 岁独闯中关村，开始了他的创业之路。他共拥有各种创造发明 20 多项，其 KV 系列反病毒软件正版的用户接近 100 万，创当年中国正版软件销售量之最。荣获过“全国新长征突击手标兵”“全国青年自学成材标兵”“全国自强模范”等诸多的荣誉。2004 年，当选亚洲反病毒大会理事；2005 年，被北京工业大学聘为兼职教授。有评论说，王江民是创造奇迹的典范：因为王江民各方面的起点都非常之低，低到在外人看来凭着王江民的外在条件，他根本就没有任何成功的可能性。2001 年王江民向中国残疾人福利基金会捐赠 100 万元人民币，设立“江民特教园丁奖”；2008 年，向汶川大

2001 年，王江民向中国残疾人福利基金会捐赠 100 万元人民币，设立“江民特教园丁奖”……

地震捐款 30 万元人民币。传奇一生的他，不幸于 2010 年因心脏病突发在京去世，年仅 59 岁。

第四节　中国民间黑客的诞生

1997 年的初期，“黑客”这一个名词已经开始深入网民之中，那个时期世界上的黑客都共同追随着一个精神领袖，在第一章里列出的头号黑客——凯文·米特尼克。这位传奇性人物不仅引领美国的黑客思想，也深深影响到了中国早期黑客的出现与探索的方向。2002 年，在 5 年零 8 个月的监禁出狱后，凯文的身份是一

黑客凯文·米特尼克撰写的畅销书《欺骗的艺术》。

名电脑安全顾问，他写的著作《欺骗的艺术》成了畅销书。

1998 年是中国轰轰烈烈的互联网“大跃进”年代，到处可以看到所谓的“信息化业绩”，对网络安全的顾及，还远远地放在创造经济效益的后面。然而，在大洋彼岸的美国，由一个黑客小组公布了一款名叫“Back Orifice”的黑客软件，使得“特洛伊木马”这种黑客软件技术迅速扩散。并透过互联网传到了中国，很多中国网民也就从接触这款软件开始，产生了对黑客软件的初恋。

不久，中国台湾黑客编写出来的 CIH 病毒在大陆大规模发作，这个以感染主板 BIOS 为主要攻击目标的病毒给中国经济带来了数百亿元的损失。原因是由于这个病毒不是一般杀病毒工具所能识别和顾及的，BIOS 是一块芯片组成，它是计算机中区别于一般软件与硬件的“固件”（台湾称“韧体”）。台湾黑客基于芯片技术与 BIOS 领域的技术领先地位，给还处在发育期的中国黑客带来了太多的惊奇、思考与动力。

随着中国互联网的飞速发展和一部《黑客帝国》大片电影的热播，让“黑客”概念成了那个年代年轻人们最执着的偶像与理想。上海的龚蔚（Goodwell）出于爱好和兴趣，首先在国内建立了一个网站，用于黑客技术的交流。不久，又在网上成立了“绿色兵团”组织。仅在 1998 年的一年间，绿色兵团的注册人数就不下 5000 人，核心成员达到一百多人。“同道”分布在湖南、福建、广东、北京、上海各地，包括被称为黑客教父的 Rocky、Solo、小鱼儿、冰河、小榕、谢朝霞等人的出现。这是一群沉醉于“挑战技术”的个人网络爱好者，他们中一些人甚至只是 20 出头的年轻学生，初衷简单，因为没有自己的电脑，有时要去争夺校园实验室里的机位而经常废寝忘食。下面看看几位当年圈里活跃的人物：

袁仁广（网名袁哥），一个不善言辞的年轻人，也是毕业于山东大学数学专业

1998 年是中国轰轰烈烈的互联网“大跃进”年代，到处可以看到所谓的“信息化业绩”，对网络安全的顾及，还远远地放在创造经济效益的后面。

本科，但大部分课程靠自学。毕业后在一家单位与单片机整天打交道，靠自己钻研，掌握了反汇编调试技巧。他很快找到了 Windows 9x 系统的一个网络协议的认证漏洞，利用这个漏洞，只要把一个文件换成他修改过的代码，就可以直接进入任何有密码的远端的共享目录。袁哥给微软公司写信，开始竟然没有得到积极的答复。他被微软的这种高傲的态度激怒了，在网上公开了这个漏洞，结果微软公司和他主动联系了，看来中国黑客也不可小视。

有“敏锐的嗅觉 + 不懈的努力”的小榕，自己开发出了包括“流光”“溯雪”“乱刀”等黑客工具软件。他虽然不算校园里的“好学生”，但出生在大学教授家庭的小榕对黑客的道德观实际上认识得很清楚。他表示过，自己的做事准则是，要有道德底线，不能仇视社会，不能给别人制造麻烦，不能给别人带来损失。他执著地追求着自己的理想，使“流光”等这些优秀的软件在一次次升级与完善中走进了世界黑客软件的舞台。

“冰河”木马的作者、在深圳创业的程序员黄鑫，1997 年的黄鑫还是西安电子科技大学的一位大三学生，和宿舍同学凑钱买一台 486 的机器。一天电脑不再正常启动，有人送他一句话：“你中了病毒！”。知耻而后勇，黄鑫决心把电脑知识学深学透！他说：“正是病毒的存在才让我感到电脑的趣味无穷！”从此对计算机知识如饥似渴地汲取，为日后开发“冰河”奠定了坚实的基础。应该说“冰河”今天的一泻千里得益于当年的厚积薄发，大学时代知识的点滴积累就是汇成汹涌“冰河”源头的涓涓细流。快毕业时，黄鑫早早地完成毕业设计，之后有一天通过接触 BO 以及 Netspy 等黑客的“后门技术”，萌发了开发出功能更强大的“冰河”程序，它既可当做植入被攻击端的木马，也可作为正当的网络远程管理利器。之前他缺少必要的网络测试环境，就此进行一番恶补。身为这款软件的开发者，当时的黄鑫从没想过把这个开发的软件发布出去以求名利双收，但当看到自己的软件在网上广为流传，并被他人用于实现不好的目的时，迫使他不得不关闭了“木马冰河”的个人站点，停止了“冰河”的开发。

2000 年年底黄鑫加盟北京的网络安全网站“安全焦点”，而袁哥去了北京神州绿盟信息安全科技股份有限公司。其他的早期黑客也都开始创业或投身于网络安全公司。请原谅这里不能更多地列举，即使上述这些人，也只是选择他们身上值得人们去读的一部分。

第五节 燃起“网络卫国”的硝烟

早期中国黑客的追根溯源，大都出自龚蔚发起的“绿色兵团”，但到了 2000 年“绿色兵团”发生了组织分裂。2000 年初，“中国鹰派联盟”成立；2000 年底，早期的“中国红客联盟”建立。后来，这两个联盟及其他一些黑客组织燃起了“网络卫国”的阵阵烟火。

中国红客联盟，又叫 H.U.C，成立于 2000 年年底，是由黑客界传奇人物 LION 牵头组建的，吸纳了全国众多黑客高手。该组织主要反击国外一些黑客的攻击。

第一次出现中国黑客攻击国外网络的浪潮可以追溯到 1998 年的 7—8 月，基于印度尼西亚爆发了大规模的排华事件，网上残害华人的图片激怒了众多中国网民不约而同地向印尼政府网站的信箱中发送垃圾邮件，用 Ping 的方式攻击印尼网站等。当时，有几位黑客领袖牵头组建了“中国黑客紧急会议中心”，造就了一大批网民投身于黑客的活动中去。

这期间先后发生的数次对外网络攻击还包括：

1999 年 5 月攻击美国网络，因在科索沃战争中美国及北约国家的行为；

1999 年 8 月攻击中国台湾网络，因李登辉当时提出“两国论”；

2000 年 2 月攻击日本网络，因日本最高法院判决老兵东史郎见证南京的诉讼败诉；

2001 年再次攻击日本网络，因三菱车、日航、教科书、《台湾论》事件等。

这些事件都成为了 2001 年更大规模的中美两国“黑客大战”的铺垫。互联网是否会引起“网络战”？黑客究竟扮演一个什么角色，而社会政治问题又如何制约互联网的行为？下文再述。

第三章　2001—2005 年网络硝烟的思考

第一节　回顾中美“黑客”大战

这是发生在2001年4—5月的一段难忘的历史事件，参加过中美网络“黑客”大战的许多人都还在，但他们不会再有当年的那种冲动，而多了一些关于“黑客”的思考和自问。这些互联网上的攻击究竟有多大杀伤力？中国一些年轻人的网络“爱国”攻击有悖互联网的规则吗？如果再发生类似的事件，什么是我们应该做的？让我们还是先回顾一下当年的一幕吧！

2001年4月1日，突然发生中美撞机事件，中国的一架歼－8Ⅱ落海，飞行员牺牲。随之爆发中美相互大规模的网络攻击。先是美国一个黑客组织PoizonBOx不断袭击中国网站。对此，“中国红客联盟”发表了声明，并在网上召开战前动员大会，把网络攻击目标限定以美国的政府、军事网站为主，其中包括白宫网站、美国联邦调查局（FBI）、美国航空航天局（NASA）、美国国会、《纽约时报》《洛杉矶时报》以及美国有线新闻网（CNN）等。响应的大多为刚刚入门的网络新手，他们拿到黑客工具现学现用，并在“五一”期间打响了“反击战”。

美国政府对来自中国的网络攻击立即进行了跟踪，很快掌握了网上的攻击来源。网络安全顾问杰瑞·弗里塞曾评论称：“中国黑客之间的默契度令人惊讶，他

这是发生在 2001 年 4—5 月的一段难忘的历史事件，参加过中美网络“黑客”大战的许多人都还在，但他们不会再有当年的那种冲动，而多了一些关于“黑客”的思考和自问。

们的组织非常有序，令人称奇，较之西方黑客也更加严密。”但也有美国的网络安全专家认为，就此次网络攻击来讲，双方作战的基本手法，除了将对方网页进行你来我往的涂改之外，也不见有其他的高招，况且多为年轻新手为主，并非有真正的黑客高手出招。中国方面的网络安全部门也保持了高度监测状态，同时对双方出现的攻击手法进行了跟踪分析，得出同样的结论，即所谓“中美黑客大战”并无高级的攻击手法和专业团队的参加。

当时的中国黑客高手已经逐步成熟，像第二章介绍的一些风云人物几乎都没有参与到这场大战。“我们已经从事专业工作，不会跟他们混合在一起”，这些黑客先驱人物中有人这样说过，尽管他们公布的工具可能被派上用场。至于一些网络安全专业团队那段时间则受命于加强防护或观察攻击中的“黑客”水平，按规定是不动手的。

2001 年 6 月笔者到美国参加一个以“计算机取证”为主题的国际网络安全论坛，会上来自美国的一个报告就是介绍“中美黑客大战”的取证案例，报告中指出大部分的攻击来源是带着 edu.cn 的 IP 地址，而攻击的手法中包括了利用网站ⅡS 漏洞的工具，该漏洞是事件发生之前由中国黑客首先发现的，西方国家很多人还不太注意，从而导致美国有不少网站被攻陷。

在中国红客联盟公布的攻击统计网站上，一天内被攻陷的美国站点达 92 个，而被黑的中国站点则已超过 600 个（包括中国台湾地区的网站）。据分析，可能由于没能将所有被黑的网站及时报上，估计中美被黑站点的实际比例大约在 3∶1。据美国网络安全专家称，中国黑客只在网上教人们如何涂改页面，并没有对网站完全进行破坏。当时中国有一张报纸上印着一行醒目的大标题报道:“中国八万黑客冲垮白宫网站”。而实际上中国真有这么多黑客吗?

美国军方借此发挥，一位国防部官员称，为防范中国黑客攻击，美国太平洋司令部当年将美方信息系统面临威胁状况的等级由一般提升至 A 级，还可能提升至 B 甚至 C 级，一旦提升到 B 级，那么用户登录所有军方网站时就会受到限制，而 C 级则意味着军方网络系统不会保持时刻在线。威胁等级最高一级为 D 级，届时整个军方系统将全部关闭。美国联邦调查局下属的国家基础设施保护中心（NIPC）也发布了中国黑客有可能对美国政府网站发动进攻的警告。确实有几个由美国政府机构运营的网站就遭到了中国黑客的攻击，包括美国劳工部及卫生部的网站。随之，白宫官方网站遭到“电子邮件炸弹”的轰击，被迫关闭了两个多小时。美国能源部在新墨西哥州的一家下属网站被人用几条反美标语涂改。

第二节　网络攻击触犯法律

号召美国黑客向中国网站发起全面攻击的两名黑客，实际上只是年龄不足 20 岁的美国学生，分别为 PoisonBOx 的组织成员和匿名叫 Prophet 的两个年轻人。在反复的扫描、探测以及入侵的拉锯后，两国都有数以百计的站点被对方涂鸦。美国政府做出了响应，FBI 在 48 小时内，逮捕了这两名美方攻击发起人。中国互联网协会也做出响应，倡导良性网络行为。国内著名的一位网络安全院士在网上撰文，声称不支持这种“黑客大战”，希望大家不要盲目踩踏互联网规则和法律的红线。

2001 年 5 月 28 日,《 北京青年报 》刊登了中国一位律师回答读者问题的意见，从法律角度说明了攻击国外网站是触犯中国法律的，即使是出于某种正义的原因。律师指出：1994 年颁布的《 中华人民共和国计算机信息系统安全保护条例 》第七条明确规定:“任何组织或个人，不得利用计算机信息系统从事危害国家利益、集体利益和公民合法利益的活动，不得危害计算机信息系统的安全。”1998 年《 中华人民共和国计算机信息网络国际互联网管理暂行规定实施办法 》第十八条规定，用户不得擅自进入未经许可的计算机系统。上述法律法规充分说明，我国法律对网络入侵行为是明令禁止的，因此不能因为其目的存在某些正义性就认为其行为是合法的，而修改对方的网页需要进入对方计算机或植入特殊木马软件等，显然是属于禁令范围。

这位律师还进一步指出:“有人认为由于中国黑客的行为结果发生在国外，故不受中国法律的管辖，这也是对我国法律适用的一种误解。因此，对网络入侵行为而言，不论入侵者国籍如何，也不论入侵行为或其结果发生在我国国内或国外，都可能受到我国法律的严厉制裁。”

期间，曾经有美国 FBI 的人员拿了某些记录入侵者的 IP 证据给中国安全机构的同行，请他们找到并制止这些“入侵者”，中方也确实找到了这些人，鉴于他们都是国内某些“爱国”年轻人，安全机关的人员只是确认了一下，奉劝告诫他们好好学习本事，不要再去惹事，今后或许能为社会做点大好事！

中国后来遇到类似的国际事件发生，政府部门都会预先做些“工作”，防止事态的“失控”。例如，到了 2002 年 4 月 21 日，日本首相小泉纯一郎参拜靖国神社，中国一些“黑客组织”再次计划于“五一”期间发动对日本网站的大规模攻击。中国互联网协会立即联合会员单位，部署了应急防范措施。经过沟通，至 4 月 30 日晚，五大民间“黑客组织”联合发表公开声明，放弃了原定的“五一”攻击计划。

中国红客联盟、中国鹰派联盟网等一些群体在几次的“网战”中名声崛起，吸纳了大批网友。但不久，随着形势的变化，一批批成员相继消失或退隐。2004 年 12 月 31 日，中国红客联盟宣布解散联盟，关闭网站。公开信中写道:“说激情，我们都已经过了那个年龄，已经没有了当年的那种冲动；说氛围，也没有让人感觉到有学习的气氛和让人觉得新鲜的东西……红客联盟已经没有继续存在的必要。”

1998 年《中华人民共和国计算机信息网络国际互联网管理暂行规定实施办法》公布，修改对方的网页，进入对方计算机或植入特殊木马软件等，都是属于禁令范围。

2011 年，新建的红客联盟出现，宣言称是一个非商业性的民间技术机构。重组的红客联盟与过去的最大区别就是化矛为盾，更多地去倡导研究网络安全技术，更多地去保护国内的网络环境的安全，不再轻易倡导发起网络战争。红客联盟的创始人林勇说："去做一些专业培训，也希望能够培养一些安全人才，引导对网络安全有兴趣的年轻人走上正途。"

中国社会科学院新闻与传播研究所教授闵大洪在评论 2001 年的中美网络战时给出三点结语："这次中国黑客行动对美国发生的直接作用：一是提醒美国，要搞好网络安全，就必须注意中国。二是美国联邦调查局扩大网络监控权有了更好的理由。三是对中国可能的极端民族主义的警惕性更高了。"这三点评述在后来的历史演变中得到证明，本书后面的几章内容将进行相关论述，读者可以进一步加以思辨与判断。

第三节　国内开设网络安全专业

这一时期，国际上在网络与信息安全的研究和技术交流方面日益活跃，就学术性质的国际会议每年就不止有上百次，大量的文献与资料可以参考和阅读，包括从信息加密研究到入侵防范技术，从应急响应到取证调查等，基本上是针对网络安全防护的。公开出版的有关黑客介绍书籍和互联网上可下载的各种黑客软件也层出不穷。在国内开展的网络与信息安全研究通常以课题形式开展，从理论到方法，以及安全等级标准等均开展了研究。

国内一些重点高校院所开始逐步设立了信息安全专业和网络安全实验室，并拥有了硕士、博士的学位培养计划。网络安全专业造就了一批年青的学术带头人，并撰写了相关的专业教材。学子们开始受到了正式的专业培训和教育，并被输送到各部门上岗，承担起网络和计算机保护的重大责任。

社会上自学出来的黑客人才和学校培养出来的毕业生并肩工作和互补，他们或者在工作的岗位上认识，或通过在网络上切磋交流。相对来说，具备实践经验的最有发言权，自学出来的高手往往擅长解决专门的问题、富有创意。受过系统培训的新人有相对宽阔的基础，尤其在他们参与了各种课题研究，或掌握了各种大型设备管理权后，理论与实践相结合也具备了相当的操作经验。

中国网络互联及网络安全实验室始建于 2003 年，主要在网络入侵检测、网络取证、网络对抗、车载网络、智能信息处理、智能交通等领域开展研究。培养网络与信息处理科学与工程领域的一代既通晓理论又具备实践经验的优秀人才。

网络技术的迅速发展，从窄带到宽带、有线到无线，以及应用领域的丰富多彩，时代在不断推动从事这一行业的人们拼命向前奔跑，他们总觉得时间要比别人少得多。就像一些黑客在网上披露的那样，黑客经常彻夜通宵地干活。几乎所有的网络安全专业人才都需要掌握丰富多样的技术，需要深思熟虑的经验积累，他们必须沉下心，习惯于勤奋、专注。信息对抗就像高手下棋，棋逢对手，往往不容有悔棋的机会。

经过几年的摸索，国内诸多的实验室在密码技术、网络攻防、入侵检测、陷阱诱骗、网络监控、取证分析、网络安全评估，以及移动互联网安全等方面取得了系列研究成果。现在关键的是要将课题成果尽量进行转化和市场推广，从而保证充足的研发基金和稳定的研发人才，形成可持续的良性循环。

网络安全的主力军都是年轻人，他们有不断学习的需要，更有要切身考虑的家庭生活、有尊严的待遇等问题。黑客也是人，需要给他们基本的保证，否则这些高手就会流失，甚至一些人走上了歧路。社会上的种种“黑客现象”归根结底都出于这些因素。

第四节　恐怖袭击与网络窃密

2001 年，美国遭受“9・11 事件”袭击，反恐的严峻局面使美国的网络调查与监控大幅度升级。随着网络带宽的增加和无线移动、手机使用的巨大变化，网络监控与数字取证等网络安全技术迅速得到发展。

这期间，一位 40 岁的英国计算机专家加里・麦金农被控于 2001—2002 年非法侵入美国国防部、美军、美国国家航空和航天局等部门的 97 台计算机，在美国军方的电脑中安装了黑客软件，并能够完全控制这些电脑。麦金农的大部分黑客攻击行动都是在伦敦北郊的一座民宅中完成的。当年报道称这是一次“美国有史以来最大规模的一起军用电脑遭入侵事件”，它使美国国家安全处于危险之中。面对美国政府的指控，麦金农辩护称他只是普通的电脑爱好者，之所以侵入美军

2001 年美国发生“9・11”恐怖袭击

某位美国网民毫不客气地说，麦金农是一个“不可思议的蠢货”，现在是他为自己的行为买单的时候了，“欢迎你来到美利坚合众国，加里·麦金农先生！”

方电脑系统，只是寻找有关外星人和 UFO 的绝密信息。麦金农被伦敦警方逮捕，在交了 5000 英镑保释金后被释放，但规定必须随时向当地警察局报告他的行踪，禁止他申请国际旅游签证，禁止使用能接入互联网的电脑设备。但美国人不甘心，要求引渡麦金农。

麦金农的案子在英美两国网民中引起了轩然大波，两国网民纷纷对此案发表评论。多数英国网民指出，将麦金农引渡到美国“是错误的”。连后来新上任的英国首相戴维·卡梅伦在美国访问时还出人意料地为这名“全球最危险黑客”求情。然而，大洋彼岸的美国网民可不就此罢休，强烈要求把他引渡到美国受审，因为“麦金农虽然是在英国作案，可他作案的对象是美国领土内的计算机网络”，这就好比一个人或团体在本国的领土上发射导弹袭击美国，总不能因为作案地点不在美国本土，就任罪犯逍遥法外。有美国网民毫不客气地说，麦金农是一个“不可思议的蠢货”，现在是他为自己的行为买单的时候了，“欢迎你来到美利坚合众国，加里·麦金农先生！”

美国洛克希德·马丁公司组织开发网络安全技术

据报道，美国国防部每年有300多亿美元的经费预算用于加强网络安全，对付黑客的攻击。这比当年制造原子弹的“曼哈顿工程”花费还多，麦金农居然在飘飘欲仙的状态下就进入了军方的网络，这着实让美国军方丢脸。知名安全公司Sophos的安全顾问格雷厄姆·克鲁莱表示，美国军方希望拿麦金农“开刀”，以达到“杀鸡儆猴”的目的。

“9·11事件”以及麦金农黑客事件使全球看到了互联网安全的薄弱点，也误导了各国的一些人萌生利用互联网窃取政府、军事、商业等机密的各种动机。同时，隐私和个人资料的监控和记录也成了日常的实际运作。这一切导致了后来年复一年的国际网络入侵的新闻，甚至引发到国家最高级别的外交事务中。

第四章 2006—2009年网络安全麻烦不断

第一节 面临网络安全的麻烦

早在20世纪90年代末，中国曾经进行过一次以政府网站为主的漏洞扫描检查，结论是几乎90%的服务器缺乏安全措施，大部分可以被攻击致瘫或被修改掉网页。之后，用了几年的时间虽然加强了治理，但并没有多少改善，或许是跟不上黑客攻击的步子。2005年伊始，湖北武汉一名大学生一连“黑”了15个政府网站；接着6月2日，19岁的高中毕业生入侵兰州市某机关网站，致使网站瘫痪；而年底12月17日、18日两天里，吉林市人民政府网站受到连续攻击……

2006年5月21日，来自上海的一群团伙利用电脑高手设计的软件程序，每天将超市销售记录收入的20%转入秘密账户，在短短一年多的时间内侵占了超市营业款397万元之多；同年从7月31日开始，湖北17岁的黑客利用某公司的系统漏洞，不断非法侵入该公司的80余台计算机系统，在13台服务器中植入木马程序。不但获取大量的网络虚拟财产，还向该公司进行敲诈勒索。警方以涉嫌破坏计算机信息系统罪，将其拘留；8月17日，该公司网站遭到另一名17岁黑客入侵；同年中国互联网大会开幕的这天，国内最大的CN域名注册服务商之一的新网Xinnet被持续攻击了8个小时，超过30%的中国网站也因为受攻击同时陷入了瘫痪；这年的 11 月 16 日内蒙古的一硕士毕业生，用假身份骗取进入深圳某公司上班，然而“项庄舞剑、意在沛公”，进厂 17 天后，侵入公司财务部电脑系统，划走 300 余名员工的 70 余万元工资。互联网的到来带来了方便，也带来了信息安全的极大麻烦。

2006 年 12 月至 2007 年 1 月间，一个水泥厂技校毕业的中专生，一个从未接受过专业训练的李俊碰上了擅长“病毒商业运作”的生意人，在暴利的诱惑下，编写了“熊猫烧香”病毒，并引发了席卷国内网络的灾难，荼毒了小半个中国互联网。被警方抓获时，李俊承认自己获利上千万元。早年李俊的父母双双下岗并艰难打工，但看到李俊喜欢到网吧玩电脑，父母就克勤克俭地给他买了台电脑，没想到儿子却是因为“玩电脑”被警察抓走。

李俊被判 3 年的狱中生活，有些善良的人们还希望他改过自新，期待他的一技之长能够做点好事。但出狱后的李俊因涉嫌开网络赌场再度被拘留。拘留、起诉、取证、审判是法律的四个程序，负责处理“熊猫烧香案”调查取证的湖北警官学院麦永浩教授说，李俊虽然是编程高手，但没有学会反取证的本事。缴获他电脑后，证据一一在场。李俊的再次被捕，只能说明他没有吸取上次被拘

本书作者与湖北警官学院麦永浩教授（右一）、香港大学邹锦沛教授（左一）合影。麦教授负责处理了“熊猫烧香”案，而邹教授是香港“陈冠希事件”的调查取证人。

2009 年 2 月 24 日，嫌疑人再次利用黑客技术，盗窃了韩国金融机构的 128 个网上银行账号。面对这类国际跨国犯罪的事件，中国方面都是大力协助进行调查与惩处。

的教训，金钱至上的想法依然在他的脑海里生根。当今社会无论你做什么都不可能不留下痕迹和证据，尤其是电子证据，真是“要想人不知，除非己莫为”啊！

2009 年，新华社报道了一起利用网络黑客技术进行跨国盗窃外国人网上银行存款的系列案件。犯罪嫌疑人朴某（男，27 岁，吉林省延吉市人）、金某（男，27 岁，延吉市人）分别于 6 月 16 日和 6 月 27 日被抓获并刑事拘留。警方全面查清了两名犯罪嫌疑人自 2007 年 11 月开始预谋、筹划，并从 2008 年 3 月 24 日起利用网络黑客技术，先后作案 83 起、盗窃 86 名韩国居民在韩国银行的 4.5 亿韩元（约合 236 万元人民币）存款的犯罪事实。2008 年，犯罪嫌疑人利用黑客技术窃取了 6 名韩国人的 2850 万韩元银行存款，其中 1000 万韩元经外汇差价商转至延边朝鲜族自治州某银行账号内；2009 年 2 月 24 日，嫌疑人再次利用黑客技术，盗窃了韩国金融机构的 128 个网上银行账号。面对这类国际跨国犯罪的事件，中国方面都是大力协助进行调查与惩处，各国的网络警察也是随时配合、协调作战。

第二节　加强网络犯罪的治理

从以上的网络犯罪事件中，可以看出中国境内的“黑客”已经达到一定的水准，也暴露了国内网络安全存在的弱点和漏洞。入侵者很容易袭击网络，如果犯罪分子利用黑客工具不断作案，就足以扰乱社会的秩序，影响到政府、金融界和教育部门等各领域的正常工作。从这一时期开始，“黑客”名词逐步被“犯罪分子”的意思代替。另一方面，国内也开始全面加强网络犯罪的治理，国家公安部在各地设立了信息网络安全监察机构，负责网络犯罪事件的调查取证。以上事实也说明了国内有关网络犯罪的取证与调查的能力已经达到相当的水平，并在与国际接轨。

在网上泄露各种黑客攻击技术的“华夏黑客联盟”网站被勒令关闭，原因是扩散黑客工具，从而吸引缺乏法律意识的年轻人不惜铤而走险地利用它从事网络犯罪。“华夏黑客联盟”后来转型改名为华夏联盟论坛，所谓转型即承诺要守住法律的底线。

把木马软件放在下载空间里，学员可随时下载，并请教群主。在高收益的面前，能抵住诱惑的人很少。多数铤而走险的黑客特点是，低年龄、低学历、没有稳定工作，又严重缺乏法律的意识。

成立较早（2001 年）的“黑基网”，曾号称为全球华语黑客与安全资讯的门户，为社会培训网络安全技术人才。据说还拿到千万元投资，准备在三五年内上市。发起人网名“孤独剑客”，2007 年接管“黑基网”，负责管理及运营。“孤独剑客”曾作为国内“黑客”领袖之一，并作为正面形象频频出现在各种技术论坛和电视访谈中。自 2008 年年底，为吸引收费会员、增加网站盈利，他授意员工向“黑基网”VIP 会员区及相关板块上传播大量用于侵入、非法控制计算机的程序、工具及相关技术教程，供会员下载。2010 年 10 月，被警方控制。检方认为，他们的行为涉嫌提供侵入、非法控制计算机信息系统的程序、工具罪。一审法院审理后，确认了检方的指控，判处“孤独剑客”有期徒刑 5 年，罚金 60 万元。

任何经营各类攻击、盗号等培训业务都是严重违反法律的，但是掌握黑客技术的人面临的诱惑太多。“孤独剑客”承认，经常有人主动找上门来，出钱让他去黑一个网站。曾经对技术的好奇心所驱动的黑客追求者，已被金钱利益所取代，成为没有了道德约束的“黑客”。

这些违法开办的“黑客培训”授课内容几乎囊括了各种病毒、木马制作技术和各种网络攻击技术，培训价格则由数百元到近万元不等，而且这类非法培训的数量一时陡增到了近百家。有的黑客网站甚至有从传授技术到提供木马程序的“一条龙服务”。收费高而且组织非常严密，采用传销模式，由师傅培训徒弟之后，再安排徒弟发展下线，外人很难进入其中。另一些是以 QQ 群为模式，通常组建一个 QQ 群，把木马软件放在下载空间里，学员可随时下载，并请教群主。在高收益的面前，能抵住诱惑的人很少。多数铤而走险的黑客特点是，低年龄、低学历、没有稳定工作，又严重缺乏法律意识。

第三节 “黑客帝国”产业链

据国家计算机网络应急中心当年估算，“黑客产业”的年产值已超过 2.38 亿元人民币，造成的损失则高达 76 亿元。据《广州日报》的记者报道：时年 23 岁的“黑客胡”，计算机专业专科毕业，他的个人简介里清楚地写着“（提供）各类黑客服务：出售各类程序，黑站挂马，黑站拿程序！入侵！”“黑客胡”平时比较谨慎小心，客户来源一般都是通过BBS或者熟人介绍，然后双方通过QQ进行交流。像“黑客胡”这样具有病毒程序编写能力的“黑客”，在圈内被称为“卖枪者”。他们的主要任务是制造出黑客工具，然后将这些黑客工具卖给下游的买家。

买家花钱买到的“黑客程序”，大多数是木马病毒。下一步的动作就是将这些病毒植入特定的网站，这个步骤叫“挂马”，可以由买家自己完成，或聘请专门的“挂马者”完成。“挂马”的对象一般是一些有一定流量且有安全漏洞的网站，这些网站一旦被植入木马，其浏览者就很有可能在不知不觉中感染木马病毒，其电脑上有价值的信息也就可能落入买家之手。另一种“挂马”的方式则是通过垃圾邮件，或者在论坛上张贴含有木马病毒的文件吸引用户下载。一旦成功，大量的目标信息就会源源不断地被黑客工具所盗取。

“卖枪者”“挂马者”“大买家”“零售商”，每个环节都有利可图，经济利益让“黑客”这一曾经有些“技术骑士”色彩的名词迅速污名化。但“黑客胡”说:“在这个链条中，真正赚钱的是大买家。”就这样，通过少则2~3人，多则10余人的合作，源源不断的有价信息通过这条黑暗的链条被盗取，然后卖往世界各地。

在后来的案例分析中，不难发现:“无论是出售‘信封’，还是‘卖枪’，这还不是最赚钱的，真正赚钱的是卖网站漏洞。这可不是一般程序员能做的，只有掌握了高超技艺的人才能在大企业的网站中找到漏洞。”“黑客胡”有些得意，“由于找漏洞多数是企业之间利用这些设计漏洞进行攻击，所以一个漏洞可以卖到几万到几十万元不等。”不仅如此，黑客还会被要求设计病毒的升级程序以及反杀毒程序。此外，黑客还利用在互联网上被控制的一群计算机，发起大规模的网络攻击，这群计算机在黑客界被称为“僵尸网络”。

国家计算机网络应急技术处理协调中心的监测数据显示，2008年的中国互联网有5个僵尸网络操控的“肉鸡”规模超过10万台，个别僵尸网络能达到30万台规模。这些僵尸网络被用来租借、买卖。在网络病毒被制造者卖出之后病毒的旅行才刚刚开始，以一个盗窃虚拟财产的病毒为例，买枪的人拿到程序后，通常会雇用一个僵尸网络来传播病毒。传播出去的病毒可以偷窃用户网络游戏的游戏币，还可以偷盗游戏中的武器，把偷盗的序列号发到指定信箱中。

“黑色产业链”发展到这一阶段，已经出现了明显的分工，有人负责传播病毒，有人负责卖偷盗来的虚拟货币，有人负责洗钱。还有一些黑客组织提供恶意广告插件的服务，QQ 聊天工具、激情照片都可能成为黑客利用的对象。2007 年，病毒（木马）背后所带来的巨大的经济利益催生了病毒“工业化”入侵的进程，并形成了数亿元的产业链条，《广州日报》的记者通过对职业黑客的采访，解开了这条黑色产业化的经济链条真相。

第四节　西方国家炒作“中国黑客”威胁论

2006 年 6 月中旬开始，美国国务院华盛顿总部以及负责亚洲，尤其是中国和朝鲜事务的办事处，接连遭黑客入侵，几天之内一直处于瘫痪状态。据称，在这

2006 年 6 月中旬开始，美国国务院华盛顿总部以及负责亚洲，尤其是中国和朝鲜事务的办事处，接连遭黑客入侵，几天之内一直处于瘫痪状态……美联社在报道中怀疑中国……

一个月内，神秘黑客从美国国务院盗走了不少敏感情报和电脑密码，还在电脑上设置了“后门”木马。发言人在声明中对黑客的身份只字未提，但关于“黑客究竟是谁”这个问题，不少媒体却将矛头锁定中国。12日的《华盛顿邮报》刊文《国务院调查电脑被攻击事件》，开篇第一句就是：“中国的黑客闯入国务院电脑系统，在华盛顿总部和海外分部搜寻信息和数据。”美联社在报道中也怀疑中国，因为受到最猛烈攻击的办公室是东亚和太平洋办事处，正好覆盖了中国和朝鲜的外交事务。美联社记者也写道：“然而，在中国境内有大量的不安全电脑及网络，别国黑客可能利用这一点掩盖其真实藏身地，然后实施攻击。”

2007 年 3 月美国华裔工程师麦大志被控“泄露美国国防技术情报”，“判决麦大志入狱 24 年半，罪名是图谋向中国出口美国静音潜艇等防卫技术”。令人侧目的是，宣布这一判决的大法官声称这是一次“从严量刑”，目的是“为了有效吓阻中国向美国派遣间谍刺探军事情报”。

2007 年 9 月美国众议院就是否通过窃听授权法案举行听证会时，美国国家情报局局长麦康奈尔在书面证词中指出，美国情报组织必须同时对付“基地”分子和传统的国家敌人，声称：“来自中国和俄罗斯的间谍机构正虎视眈眈地窥视着美国敏感而受到保护的体系、设施和发展项目。他们为此投入的资金已经达到冷战时期水平。”把反恐与防范中国间谍并举。也就在这次会上强调了必须极力加强美国对他国的间谍活动，鼓动美国国会通过充满争议的窃听授权法案。根据这部法案，美国情报人员将可以监听美国境外的电话和电子邮件。此事后来被从美国安全局出走的司诺登大量曝光。

针对所谓“中国黑客威胁论”，中国相关专家对《环球时报》记者表示，美国最好从自身查起。仅凭技术手段就定性为哪个国家做的，本身就很荒唐。其实，称中国黑客对美国国家和经济安全构成威胁，一定程度上是在转移人们对国内矛盾的注意力。全球最强大的黑客组织在美国，美国

从美国安全局出走的司诺登曝光了美国网络监控

还有力量强大的网军。在这方面，美国始终走在世界前列，无论是技术水平、物理条件还是资源人力，没有哪个国家能和美国相比。

英国政府也公开指责中国对英国经济的关键部门实施间谍活动，包括非法潜入大银行和大型金融服务公司的计算机系统。军情五处（即英国安全局）负责人乔纳森·埃文斯给银行、会计师事务所和律师行的300名总经理及安全负责人发出警告信说：他们已经受到来自“中国国家机构”的侵犯，中国情报机构使用的技术包括定制木马潜入某家公司的网络，把机密数据反馈到中国。军情五处的信中还包括了一系列可用来识别中国木马的特征标记，还有已知的用来发动入侵的网址。

牛津大学的伊恩·布朗同期发布的一项研究警告说，英国政府和军方的计算机系统正受到中国和其他国家的持续攻击。军情五处和政府通信总部的技术人员认为可以追踪到远东的地区，但很难查明这些袭击的准确源头。

2007年的2月6日德国媒体报道称，自1月以来，德国“马克思主义在线文库”网站经常遭到不明身份者的恶意攻击，网站无法正常运转。该网站说，“99%的袭击来自中国”，但不清楚此类行为“是否有政府撑腰”。两天后，德国联邦宪法保护局副局长雷姆贝格表示，“最近一段时间，我们发现来自中国的黑客袭击在加强。”他说“俄罗斯人多半用传统的间谍方式，从我们收集到的情报看，中国人多采取电子攻击的方式。”德国IT安全系统提供商Wubi的主管随即附和说，他们开办了一个黑客大赛网站。“每天，从中国来的黑客多达1000人次。”主办方可以对参赛方进行详细记录和分析，他们发现“中国黑客有着良好素质，数学和密码知识都掌握得很好。”

2007年德国杂志《明镜》封面上，封面故事标题颇为抢眼:《黄色间谍》。

真正引起轰动的是德国《明镜》周刊，它抢在德国总理默克尔访问中国之前刊登了封面文章《黄色间谍》。这篇文章详细介绍了“中国黑客”对德国总理府、外交部、经济部和科研部电脑系统的全面攻击。报道说，德国宪法保护部门早在 2007 年 5 月就通知政府，“中国人民解放军的黑客”绕道韩国，把“木马”安插在德国政府的电脑系统中。印度媒体称，针对印度国家安全委员会网络大型攻击来源于中国。

第五节　怎么看“中国黑客威胁论”

媒体炒作“中国黑客威胁论”，有专家认为，美国将中国作为“替罪羊”，意在为加强自身的“网军”建设，甚至授权发动“先发制人”的网络攻击造势。中国黑客威胁论完全顺应了美国军政界近年积极辩论的话题——中国是美国在数字空间内的“头号敌人”。美国情报机关和专门委员会频频检查中国的电信设备生产商，在各种网络攻击中寻找“中国黑客的幻影”，其最终目的则是以计算机安全的名义从预算中增加拨款。一些分析则认为，也不排除其目的是想孤立和丑化中国，争取同盟和经费，阻碍中国网络和经济的发展。

早在 2005 年 12 月 13 日的记者会上中国外交部发言人秦刚就对中国军方可能指使黑客对美国政府网络进行有组织的攻击问题回答说，“中国政府一贯禁止任何破坏计算机信息网络的行为，任何单位和个人不得利用互联网从事违法犯罪活动”。并指出：近年来，中国相继出台了多部维护互联网安全的法律法规，刑法中对此也有明确规定任何单位和个人不得利用互联网从事违法犯罪活动。公安机关对利用互联网从事违法犯罪活动的任何单位和个人，包括非法入侵信息网络的行为，都要依法查处。“美方的这一指控，不知依据是什么？”秦刚在会上说，“如果美方有此方面的确凿证据，应该拿出来。”这是中国政府第一次在外交场合回答敏感的中国黑客攻击美国网络的声音。此后，美国方面也因此为拿出“证据”进行不懈的努力。

针对外电报道中国黑客对德、美、英等国的政府电脑网络进行攻击，2007 年 3 月 29 日，中国外交部发言人秦刚表示：之所以近期出镜的“中国间谍案”

针对外电报道“中国黑客”对德、美、英等国的政府电脑网络进行攻击，2007 年 3 月 29 日，中国外交部发言人表示：中国政府一贯反对和严禁任何网络犯罪行为……

较多，可能与眼下的“中国热”有关，和中国有关的消息在他们的编辑部那里比较容易上版。同年 9 月 6 日外交部发言人姜瑜在例行记者会上表示：“妄称中国军方对某些国家的政府网站进行网络攻击，这种指责毫无根据，不负责任，也是别有用心的。中国政府一贯反对和严禁任何网络犯罪行为，在这方面我们有严格的法律法规，我们也表示了愿意进一步加强国际合作的意愿。”11 月 29 日外交部发言人刘建超也在例行记者会上回答记者时说，“中方对这种不负责任的做法表示强烈不满”。

从那以后的几年里中国政府不断有类似的针对“中国黑客攻击”的外交表态和辞令，一直持续到 2013 年。两国领导人一致认为网络安全是共同关注的主要事项，两国应该成立联合工作小组，共同治理“网络攻击”事件。

从外电的持续报道来看，“中国黑客攻击事件”的发生也不是空穴来风。然而，来自中国的这股风是否就构成了如此大的威胁？这股风究竟有多大的量级，又是从何处刮起？是否“东风压倒西风”？还是只刮东风不刮西风？作者认识的一些中国黑客高手本身对这一系列的报道首先的感觉是“黑客现象被空前重视了”，但总是心存两种纠结。一是有自己被“抹黑”的感觉，作为高手不希望被认为是“简单的工具”，更不愿被认为是一个“违规分子”；二是期待能够为社会做出应有的贡献，因为今天的信息时代需要他们去施展宏图。各国的“黑客威胁论”在某种程度上为我们预示了这种信号，即信息时代的浪潮中我们需要什么，应该重视什么。

第五章　2010—2013年炒作所谓“中国黑客威胁论”

前些年媒体炒作所谓的“中国黑客威胁论”，都只有攻击源的IP地址作为证据。现在到了需要拿出网络攻击者单位名单的时候，最好还有具体的攻击人。敏锐的记者都知道这个风头是要抢先的。网络攻击的证据如何获取，它的可信度多高？什么叫电子数字取证？如何进行网络攻击的数字取证等问题成为了热门话题。

第一节　攻击谷歌公司的“源头”

2010年2月18日，美国《纽约时报》刊发署名为John Markoff和David Barboza的文章《两所中国学校被指与网络攻击有关》。文章援引匿名调查Google、Yahoo、Adobe等公司网络被攻击的“极光行动”事件的结果，称上海交通大学和山东蓝翔高级技工学校参与了攻击。上海交通大学涉嫌的根据是该校计算机系某教授发表的一篇论文中发现与攻击方法有关联。至于位于济南的这所民办专科学校则被认为“是在军队的支持下建立的一所规模庞大的职业学校，为军队培养计算机人才。”报道还称“美国一军火承包商也曾像谷歌一样遭到攻击，它所获得的证据使得调查人员怀疑攻击与一名乌克兰教授在一所技校（指蓝翔技校）教的计算机课有关。”这一报道似乎找到了中国黑客攻击的具体单位部门，在国际上引起了一波巨浪。

《纽约时报》这两名作者可谓非等同一般，John Markoff（约翰·马科夫）曾经连载头号黑客凯文·米特尼克的系列文章，并出版了一本专门的书。而 David Barboza（张大卫）时任《纽约时报》上海分社社长，他后来（2012 年）还因写了一篇关于中国某位领导人家族财产的报道获得了“普利策新闻奖”,《纽约时报》的网站也因此被中国政府屏蔽。应该说，这篇关于中国黑客的报道使他们俩人的知名度再次提升。只是《纽约时报》的这次报道恐怕不会得奖，反而因为证据太离谱成为了读者的“笑柄”。

到 2011 年 6 月，Google 公司声称其下属的 Gmail 服务中，有多名知名人士的账号被黑客入侵，而入侵源头又是中国济南。中国外交部随即驳斥其“无中生有，别有用心”。另由《华尔街日报》报道，专门研究中国的网络安全专家穆尔维农（James Mulvenon）表示，曾经有人企图利用电子邮件向一家国防承包商发起定向攻击，山东蓝翔高级技工学校是其中的一个源头，蓝翔技校再次让舆论“刮目相看”。

山东蓝翔高级技工学校的校方领导出面否定学校与军方有联系或获得军方的支持，也否认涉案者为学校的“乌克兰教授”的说法，明确表示“学校没有外籍教师，我们现在还没有使用外教的资质”。可以看看该校的计算机专业设置，包括高级技工班、平面广告设计班、环境艺术设计班、网络技术班、计算机维修班、高级技工计算机班等，这些专业训练的学生确实很难与“攻击谷歌”“入侵美国”等联系起来。该校当年的网站上的确登有十几位毕业生应征入伍的纪念照（例行有军队领导到场迎接）；另有一张校园照片中貌似有一位皮肤带黑的“外国人”，但他只是来学习烹调专业的“准厨师”学生！也许这些都是被查到的“证据”材料之一，从中推论出“有军方支持和乌克兰教官参与”。

笔者在济南市考察过软件产业和民营学校，当年创办民办学校的一些企业界人士曾经请教计算机专业怎么设，在回答他们的质询时，笔者建议他们不要追求与正规大学的专业雷同，可以培养一些机房维护管理人员；最好还能培养一些软件程序员，有可能的话试培养一些系统管理员或网络安全管理员就更好。他们听到“系统和安全管理”马上摇头表示这方面的师资力量缺乏，且生源的水平也不够，后来就不了了之。

至于上海交通大学，该校宣传部也出面发言表示：“攻击事件若是真的，校方

“美国一军火承包商曾遭到攻击，它所获得的证据使得调查人员怀疑攻击与一名乌克兰教授在一所技校（指蓝翔技校）教的计算机课有关。”这一报道似乎找到了中国黑客攻击的具体单位部门，在国际上引起了一波巨浪。

会通知相关部门，并且展开内部调查。”众所周知，这所国内外著名的大学与美国的学术界交往密切，从该校各专业教职工的子女家属也不少都在美国读书或工作，大量在读的研究生、本科生还可能进一步准备到美国留学深造。如果校园中出现这种通过网络攻击美国的事件，显然不是该校希望发生的，校方势必采取措施立即制止或查处的。

中国外交部发言人秦刚在 2010 年 2 月 24 日下午的记者会上回答有关此事的提问时说，中国法律禁止网络黑客攻击行为，并且将依法打击这种行为。我们欢迎国际互联网企业在中国依法开展业务，中国政府有关部门同这些企业沟通的渠道是畅通的。中国将依法管理互联网，促进互联网繁荣发展的立场是不会改变的。并强调外国互联网经营商和任何其他在华经营的外国企业一样要遵守中国的法律法规，尊重中国的文化传统。这一表态似在平息国际舆论的风波，然而事态的演变却不以它的意志为转移。

第二节　“中国黑客威胁论”升温

“中国黑客威胁论”导致了中国黑客被称为“全球最大的网络攻击力量”。不仅是一些媒体，美国的一些企业和官方人士都登台参与了这场世纪性的大闹剧。

2011 年，美国计算机安全公司 McAfee（迈卡菲公司）声称查出迄今为止最大规模的一系列网络攻击，涉及联合国在内的 72 家组织、政府与企业。McAfee 认为此次攻击的背后是一个“国家行为体”，但拒绝点名，实际上就是指向中国。网络攻击的受害者名单涵盖美国、印度、韩国、越南与加拿大等国；还包括东南亚国家联盟、国际奥委会、世界反兴奋剂机构等组织；以及从防务承包商到高科技公司等诸多企业。据 McAfee 介绍，以联合国为例，黑客 2008 年攻入了位于日内瓦的联合国秘书处的计算机网络，秘密潜藏在那里长达近两年时间，搜查了大量的秘密数据。McAfee 公司的《威胁研究部门》的副总裁迪米特里·阿尔培罗维奇在公布的 14 页报告中称：“连我们自己对于受害者的多样化亦感到意外、对作案者的胆大感到震惊。”

美国政府 2012 年 4 月发表的《国家安全威胁年度评估报告》中阐述，中国情报机构从事大规模侵入美国电脑网络并窃取美知识产权、开展经济间谍活动等，是未来几年内美国在相关领域面临的最大威胁。

美国网战司令部情报主管塞缪尔·考克斯 9 月宣称，中国黑客持续将五角大楼的电脑网络列为攻击目标。他对媒体称，中国黑客试图窃取企业交易机密的情况日益增加，“他们（指中国）针对国防部的活动也在持续，这一直在加紧进行。事实上，我应该说这仍然在加速”。

另据美国《基督教科学箴言报》报道，网络安全博客（Krebs On Security）此间发布的报告称，为重要工业系统提供软件支持和解决方案的加拿大特尔文特公司遭到疑似中国网络间谍组织的入侵。该公司的防火墙被突破，其网站被安装了恶意软件，一个主要软件产品的项目文件被窃取。报道称，特尔文特公司认定这个中国网络间谍组织名为“评论集团”或“上海集团”。

现在，舆论一提到中国黑客就往往将其与中国政府联系起来。例如，加拿大国际贸易部部长表示加拿大网络曾经遭受网络攻击时，当地媒体立刻就分析说，“中国等国家正设法整合国家资源提高攻击我们的能力”。在某些人眼中，中国黑客技术超群、无所不能，上至美国、欧洲的政府网站，下到各种商业论坛，多少都能攻入。美国前国家情报总监迈克尔·麦康奈尔在参议院作证时警告说，美国在互联网战争方面准备“严重不足”。他表示，互联网战争对美国安全的威胁不低于冷战期间苏联核武器对美国安全的威胁。美国是大规模和具有毁灭性的网络攻击“最脆弱”的目标，如果现在爆发网络战争，美国将“输掉这场战争”。美国信息安全顾问雷肯也在题为《中国黑客攻击与新冷战》的文章中写道，时代已经变了，这次是以中国为主角的“网络新冷战”大戏。

第三节 网络攻击取证成为焦点

2013 年元旦刚过，《纽约时报》在 1 月 30 日发表了长篇文章称，数月来不断有黑客入侵他们的电脑系统，盗取员工密码和文件资料，有多达 53 人的电脑被入侵。报道称，发现遭黑客袭击后，该报聘请美国曼迪安电脑安全公司（Mandiant）进行调查。该公司专家调查后认为，黑客首先入侵美国大学的电脑，然后通过那里的电脑实施攻击。这种攻击与之前入侵美国军方供应商电脑系统的袭击来自同一批由“中国军方使用的高校计算机”。

美国《华尔街日报》的出版商道琼斯公司于 2013 年 1 月 31 日宣布，该报电脑系统在过去几年也成为中国黑客频繁入侵的牺牲品。道琼斯的调查结果还发现一起重大网络入侵活动，有的是通过北京办事处商业人员的电脑入侵的。

在上述两家媒体引爆对中国黑客的新一轮指控后，一些媒体也纷纷声称遭到黑客威胁。英国路透社和美国彭博社均于 2013 年 1 月 31 日表示，曾有黑客侵入或试图侵入它们的系统，但无法确认攻击源头。时任美国国务卿的希拉里 2013 年 1 月 31 日在接受媒体采访时表示，“我们必须对中国人讲清楚，美国将不得不采取行动保护我们的政府和私营部门免遭非法侵入。”不过，希拉里也承认，中国并不是唯一对美国采取或试图采取黑客行动的国家。

美国戴尔公司网络安全专家斯图尔特（Joe Stewart），2011 年开始调查、捕捉来自中国的恶意软件，斯图尔特对《彭博商业周刊》记者说，“中国黑客持续入侵《财富 500 家》公司、新技术公司、政府机构、新闻机构、大使馆、大学和律师事务所，来自中国的恶意软件充斥互联网，在网络安全行业越来越多的人致力于对付中国的网络攻击。”《华盛顿邮报》的一个情报分析认为“美国已经成为中国持续电脑情报搜集的目标，中国的网络攻击直接影响到了美国经济。”

2013 年 2 月 21 日，美国曼迪安网络安全公司（Mandiant Corporation）公布了一份题为“APT1”的报告，上海外高桥的一栋普通军用白色大楼瞬间成为世界媒体的焦点，美国迅即掀起新一轮的“中国黑客威胁论”。曼迪安公司出台的报告共 74 页，正文 60 页，分五大章节和七项附录 A-H，包括入侵行为记录和录像证据等。

APT 是“高度持续威胁”（Advanced Persistent Threat）的英语缩写，电脑安全专家和政府官员用这个术语描述有明确目标的攻击行为。此外，美国电话电报公司和美国联邦调查局也在追踪中国黑客组织，它们也认为这个组织来自上海。

“APT1”称，这个中国“黑客组织”一直十分活跃，并已经攻入了数百家其他西方国家的机构，包括若干家美国军方的承包商。这份报告首次将中国这批黑客群体称为“注释组”（Comment Crew）或“上海组”（Shanghai Group）。“APT1”报告中刊登出上海大同路上的一栋楼位置，然而无法确认黑客是否位于这栋属于中国军方的 12 层建筑内。但它提出，除了中国黑客与这栋楼有关联的结论之外，没法解释为何有这么多的攻击来自于这么小的一块区域。

曼迪安公司的执行总裁凯文·曼迪亚（Kevin Mandia）在一次采访中说，“黑客要么是来自中国军方内部，要么就是那些负责运营世界上控制、监控最严密的网络的人，指挥有数以千计的人在从这个街区发起攻击。”并称他的公司追踪“注释组”的行踪已有 6 年多的时间，观察到“注释组”的攻击者会在不同的攻击中利用相同的恶意软件、黑客工具和技术，采用同样的网络域名和 IP 地址。根据“注释组”留下的入侵痕迹，曼迪安公司持续跟踪了该组织进行的 141 次攻击，曼迪亚说，“这些攻击只是我们能够轻易识别出的那一部分”。其他安全专家估计，“注释组”至少实施了数千次网络攻击，“我们追踪的攻击中，有 90% 来自于那里”。

该报告虽然收集到大量来自上海浦东地区的 IP 地址，但仍然不能完全得出肯定的结论，只能无奈地断言：唯一的另外一种可能是“有一个全都讲中文的大陆人组成的，资源充足的秘密组织，它能够直接接入上海的电信基础设施。多年以来，这个组织一直在该栋楼的门外，进行大规模的计算机间谍活动”。

曼迪安公司举证说，从该公司的 100 多家客户那里，目睹了被盗取的技术规划、制造流程、临床试验结果、定价文件、谈判策略和其他专有信息。并确定，有 20 个行业受到了攻击，从军方承包商到化工厂、矿业公司、卫星和电信企业。可口可乐公司（Coca-Cola Company）2009 年遭受的一起网络攻击，“上海的网络部队”也要对此负责（攻击发生时，恰逢可口可乐公司收购中国汇源集团有限公司的尝试落空）。2011 年，该部队还攻击了受雇于美国政府机构和国防分包商的数据安全产品制造商 RSA，并利用自己在攻击中收集的数据侵入了宇航分包商洛克希德·马丁公司的计算机系统。

美国政府最为担忧的是，来自中国的一系列攻击，不仅仅是为了窃取情报，目的还包括获取操纵美国关键基础设施，包括电网和其他公用事业设施的能力。例如，一次针对泰尔文特公司加拿大分部的入侵行动，该公司属于施耐德电气（Schneider Electric），承担提供给石油和天然气管道公司的软件设计，以及电网运营企业远程控制阀门、开关和安全系统的操作系统。公司保留着石油、天然气管线的详尽设计方案，这些方案涉及一多半北美洲和南美洲的石油与天然气管线。2012 年 9 月，泰尔文特加拿大公司向客户通报，攻击者侵入了该公司的网络系统，并取走了项目文件。“但攻击的途径被立即切断，因而入侵者未能夺得系统

2013 年 2 月 21 日，美国曼迪安网络安全公司（Mandiant Corporation）公布了一份题为“APT1”的报告，上海外高桥的一栋普通军用白色大楼瞬间成为世界媒体的焦点，美国迅即掀起新一轮的“中国黑客威胁论”。

的控制权。”

在“APT1”报告中最引人注目的是，追踪了数名上海“黑客”的具体电脑操作步骤。“黑客”之一起名“UglyGorilla”（丑陋的大猩猩），2007年释放出了带有“能够明显辨别特征”的一系列恶意软件。另一名是称为“DOTA”，他创建了一些用于置入恶意软件的电子邮件账号。根据追查，他俩都使用同一组可以被追溯到该栋楼所在区域的IP地址。但是，这些“证据”的细节在一些国际上专门从事数字取证的专家的分析以后，认为证据（包括录像）的提供内容都比较粗浅，不足以说明他们是完全的专业黑客行为。这些证据中的“黑客动作”太偏低下，借用中国围棋手的段位比喻，只能是中低段的水平。攻击美国的黑客，哪怕是“第四世界”国家的水平也不应该这么差！“三十六计走为上计”，中国黑客不会不知道这个基本的兵家战术，怎么会这样轻易地被取证？后来，麦迪安公司没有提供出进一步的证据材料，据称“他们消失了”。

将中国说成“世界上最大的知识产权盗窃策源地”已经有一定的历史了，“APT1”的指控说“中国黑客从一百多家客户手中盗取了产品设计图、制造计划、临床试验结果、定价文件、谈判策略及其他专有情报”，并指出中国黑客对自动机器人与F-35隐形战斗机资料特别感兴趣。

据“APT1”的统计，在10个月里中国黑客窃取的网络机密资料达6.5T之多（1T=1024G）。如此巨大份额的数据从世界各国传送到上海，似乎不可思议。况且，发达国家有这么多机密材料很容易就被黑客窃取了吗？这里不能不让人想起“蜜罐技术”，该技术是在互联网上刻意设置一台防护相对宽松、存放虚假数据资料的服务器，存放的文件内容多为吸引黑客来拿的过时或虚假的“机密资料”，从而保护真正有价值的数据。这项技术近年被美国进一步发展成了“雾计算”技术。

“雾计算”的核心概念是用假信息做诱饵，“钓”出真窃密的“鼹鼠”，是网络积极防御和纵深防御思想的具体应用。该技术通过对入侵者的智能分析，自动生成和分发高可信的诱捕信息，让窃取信息者无法区分真正的机密信息与诱捕信息，并能够检测和追踪信息的被访问以及转移的行径，力求在泄密事件发生前化解威胁。“雾计算”是信息诱骗诱捕技术的延伸，其相关技术最早出现在20世纪80年代的美国，时至今日可以用到数据中心、“云计算”的数据保护中去。美国计算机安全专家克里夫·史托尔最早使用信息诱捕技术（1989年），他将自己的亲身经

网络上公布的自动机器人与 F-35 隐形战斗机的照片

历写成了畅销小说《杜鹃蛋》（*The Cuckoo's Egg*），书中讲述了一个德国黑客集团渗透到美国重要机构的真实故事。通过监控一些伪造的高可信的“秘密文件”，发现了黑客窃取的过程，并将信息出卖给俄国克格勃的踪迹。近年美国 Allure 安全技术公司和哥伦比亚大学提出了“雾计算”的积极防御概念，用以发现那些正在窃取、泄露机密信息的外部入侵者或者潜伏的恶意内部人员，用于跟踪其访问和传播的范围。

上海《东方早报》给发布“APT1”报告的曼迪安公司做了个介绍，它是一家成立于 2004 年的私人性质的网络安全公司，主营探测、预防以及追踪黑客袭击业务。创始人凯文·曼迪亚大学毕业后曾入美国空军，随后在乔治·华盛顿大学拿到法证学（Forensic，即计算机取证）硕士学位。回到空军后担任特别调查办公室的网络犯罪调查员。此外，他还在美国信息安全企业迈克菲下属的专业信息安全顾问机构兼任主管，并为美国联邦调查局（FBI）、美国特勤局、联邦检察官办公室、美国空军以及其他政府机构提供网络安全培训课程，出版过几本关于计算机取证的书籍。曼迪安公司近年曾获得 7000 万美元的投资，员工增加到了 300 多人，在两地开设有分公司。该公司 2012 年的营业额超过 1 亿美元，比上年增长 76%。其客户包括 30% 的《财富》500 强的公司，还包括美国国防部以及其 70% 的承包商。另外，美联社的一篇文章表示，“曼迪安公司发布此份报告很明显地符合其商业利益，该公司宣称其现有客户已经获得了足够的保护，可以避免受到来自中国的已知技巧的入侵”。

曼迪亚本人的一本书还被译成中文版，由清华大学出版社 2002 年 10 月 1 日出版，书名为《应急响应：计算机犯罪调查》（原书名：*Incident Response Investigating Computer Crime*），书中的作者自我介绍写道："凯文·曼迪亚是 Foundstone 公司的计算机司法鉴定主管，并且是一位著名的司法鉴定和应急响应专家。他曾经训练过 400 名 FBI 成员和来自美国国务院、美国中央情报局、美国国家宇航局、加拿大皇家骑警、美国空军和其他政府部门的成员。他曾经解决过最复杂的国际性入侵案件，目前正协助司法部门侦破几起高难度的案件。"他的一些培训课程放在了网上，可以浏览曼迪安授课的网址《骇客入门课程：网路安全防战手册》（http://tech.ccidnet.com/art/1101/20030719/623317_1.html）。

曼迪亚于 2013 年 7 月份登上美国《财富》（*FORTUNE*）杂志的封面人物，成为美国一些人心目中的英雄，称他改变了一个世界性的局面。2013 年年底这家曼迪安公司被一家上市公司（FireEye）用 10 亿美金的高价收购。中国"黑客"成就了曼迪亚，造就了这位 42 岁的前美国军人成为财富大亨。

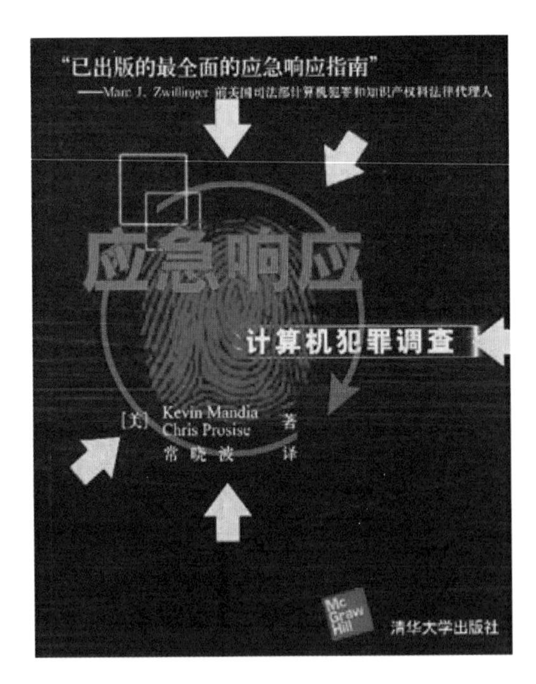

曼迪安公司总裁凯文·曼迪亚登上美国《财富》封面，左图是他的一本著作

第四节　两国政府与军方的表态

有观察家认为，就曼迪昂特公司的报告一事而言，绝非仅仅“有商业炒作之嫌、套取国会经费”那么简单，而是依附于美国的全局战略体系架构中的一步棋。2013 年 2 月 12 日，奥巴马签署了要求加强网络安全的行政命令，奥巴马在国情咨文报告中要求美国议会加强立法，重视网络安全，表示警惕外国及外企偷窃美国企业信息，并破坏电网、金融体系以及航空运输。一周后，曼迪安公司发布“APT1”报告，为美国政府的后续行动铺路搭桥。一天之后，美国政府发布抵制网络盗窃计划，保护美国公司知识产权，掀起了商业媒体铺天盖地的报道热潮。白宫表示知道曼迪安公司的这份报告，国家安全委员会（National Security Council）发言人汤米·菲托尔（Tommy Vietor）表示：“我们已多次向中国的高层官员，包括军方的高层，表达了对网络盗窃行为的最高关注，我们将继续这样做。”并根据奥巴马总统签署的一份指令，开始对中国的“黑客组织”采取进一步的防御措施。

路透社纽约 2013 年 3 月 11 日报道，美国国家安全顾问多尼伦表示，“网络安全已经成为中美两国经济关系中一个越来越大的挑战”。多尼伦的评论是美国高级官员就网络安全问题发表的最直接的评论之一。他直接提到中国是网络威胁的来源，不过他在点名提到中国时谈论的是美国企业的担忧，而不是政府的担忧。他的言论表明，华盛顿已经决定要更加公开地谴责中国的网络间谍活动。他对中国提出了三个要求，称北京应当认识到这个问题的紧迫性和严重性，以及其对国际贸易、中国产业名声和美中总体关系所构成的风险。美国《纽约时报》和《华尔街日报》也同日报道称，奥巴马政府要求中国采取措施制止对美国政府和企业计算机网络的黑客活动，这是白宫对中国黑客行为最尖锐的公开批评，并要求中国参与制订网络安全标准的对话。

到 2013 年 4 月 23 日美国威瑞森公司发表《数据窃取调查年度报告》，将“有政府背景的网络间谍行为”单独列出分析，2012 年可确定的 120 起政府网络间谍案中，有 96% 源自中国，其他 4% 来源不明。威瑞森公司是首次单独对“政治关

黑客攻击是一个国际性问题，需要通过加强国际合作共同应对。中国也是黑客攻击的受害者，中国政府愿意积极与各国开展合作，共同维护互联网安全和良性发展。

联网络间谍活动”进行分析的，该公司指出，黑客出于经济利益进行数据盗窃在全球最为常见，为赚钱而实施的黑客行为通常来自罗马尼亚、美国、保加利亚和俄罗斯，而中国则是“世界范围内与政府相关的知识产权网络窃取案的主角”。

曼迪安公司称，该公司及美国政府揭露了中国“黑客组织”的攻击之后，“该组织开始了杂乱无章的清理行动。攻击工具都被从受害者的系统里清除，指挥和控制服务器也停止运行。APT1 报告中确认的 3000 项技术指标，只有极少一部分仍在运行。”在网上侦探确认黑客身份时，一些最引人注目的人物，如 DOTA、SuperHard 及 UglyGorilla，已经“销声匿迹”。曼迪安公司并称，中国“黑客组织”一度停止攻击，不过，在两个月后，他们通过新的服务器逐步开始攻击同一拨受害者，并植入了间谍工具和盗取数据，活动规模恢复达到了之前的 60% ~ 70%。“黑客组织”利用的恶意软件与过去相同，侵入的身份也与过去相同，只对编码进行了一些小修改。

于是美国政府中的一些人考虑采取更强硬的措施，贸易制裁、外交施压、在美国控告中国相关人员和网络反制等。由前国家情报总监丹尼斯·C·布莱尔（Dennis C. Blair）及前驻华大使洪博培（Jon M. Huntsman Jr.）领导的工作小组拟定出了一份报告，详细说明了一系列的行政举措及国会立法，“这些法规旨在加大中国为网络攻击所要付出的代价”，《纽约时报》等媒体如是报道。

鉴于美国在“中国黑客攻击”问题上大做文章，中国外交部重申“中方一贯坚决反对包括黑客行为在内的任何破坏互联网和电脑网络系统的犯罪活动，并依法予以打击。黑客攻击是一个国际性问题，需要通过加强国际合作共同应对。中国也是黑客攻击的受害者，中国政府愿意积极与各国开展合作，共同维护互联网安全和良性发展”。

中国国家互联网应急中心此刻发表统计报告：2012 年，7.3 万个境外 IP 地址作为木马或僵尸网络控制服务器参与控制中国境内 1400 余万台主机，3.2 万个 IP 通过植入“后门”软件对中国境内近 3.8 万个网站实施远程控制。在上述网络攻击中，源自美国的网络攻击数量名列第一。

中国军方的表态则是“中国坚决反对任何网络攻击行为，坚决反对各种黑客对网络的攻击。围绕网络安全问题，中美双方在会谈中进行了交谈。网络安全越来越引起各国主要是广泛运用网络国家的高度关注。随着网络越来越普及，使用的用户越来越多，终端节点越来越重要，网络安全一旦失控，产生的影响在某种程度上不亚于一个核弹。”

在网络方面，中国深深知道加强网络管控的重要性。坚决反对任何网络攻击行为，坚决反对各种黑客对网络的攻击。在网络上需要形成共同维护网络安全的理念，制定一个加强网络管控的机制，加强网络管控的交流与合作，共同管控好各方人员，确保他们不要实施网络攻击。

中国传媒大学网络舆情研究所副所长何辉曾经从以下三个方面对中美两国的“网络攻击”做出分析认为：

首先，为了刺激美国乃至整个世界“对中国的警惕之心”。中国已经是世界第二大经济体，用迂回的战略、借题发挥的战术可以在一定程度上起到干扰的作用。美国炒作自己受中国黑客袭击的议题一旦形成，无论能否拿出证据，美国乃至整个世界对中国的疑惧就会增加。在这种炒作中，美国毫无疑问就可以享有很多衍生出来的战略“红利”，中国则只能是吃哑巴亏。

第二，美国政府在美国媒体这一议题炒作面前态度暧昧不清，可以坐收渔利，为美国自身增加军费预算事先“储备”下支撑理由。美国向来注重军费的投入。但面临高额的联邦赤字，美国各界对军费预算的思路并不一致。炒作美国遭受黑客袭击的话题，客观上可以为美国政府增加军费开支和新信息技术研发资金创造很好的支持理由。这样只要形势需要，美国政府内部的有关力量就可以借题发挥。

第三，捍卫美国在信息领域的优势。炒作美国公司和美国媒体遭受中国黑客攻击，无疑会使中国信息技术领域的公司脸上无光。众所周知，中国的一些信息技术公司近年来发展迅速，给许多同业美国公司造成巨大的竞争压力。

总而言之，网络安全问题进入两国高层的谈判势在必行。美国似乎占有主动地位，但是，相信在中国拿出大国智慧来应对后，难题也就迎刃而解了。当然，“斯诺登事件”的偶然出现，也使局面出现戏剧化的演变。

第五节 中美元首会谈网络安全问题

时间终于到了 2013 年夏季的 6 月 6 日—7 日两天的两国元首见面会上，“网络安全”问题成了中美两国元首交谈的三大议程之一。双方最终商定了在中美战略安全对话框架内成立网络工作组。在记者会上，习近平强调，“中国是黑客攻击的受害国，是网络安全的坚定维护者。中美双方在网络安全上有共同关切，中美应该也可以走出一条不同于历史上大国冲突对抗的新路。”习近平的表态一言九鼎，媒体和各路喉舌基本都做了报道，随后，“中国黑客网络攻击”的报道基本偃旗息鼓了。

接着 8 月 19 日中国国防部长常万全到美国五角大楼访问，他接连用五个“反对”表明中国在网络安全问题上的立场。强调，中国一贯主张和平利用网络空间，反对在网络空间开展军备竞赛，反对利用信息技术实施敌对行动和制造威胁，反对利用自身网络资源和技术优势削弱他国网络空间的自主控制权和发展权，反对在网络安全问题上实行双重标准。宛如当年限制核武器谈判的架势。对于如何维护网络安全，常万全指出:“当前中美需要共同探索加强合作。中美商定，网络工作组是网络问题双边会谈的主要平台，中美将在未来的会谈中讨论更多合作措施，在网络问题上进行持续对话，在今年年底以前再举行一次网络工作组会议。”至此，一切都走入了正轨，理智战胜了偏见，对话代替了挑战。网络空间的扩军备战绝对不亚于核武器冲突的危险，中美两个大国在网络空间领域只能双赢，不管未来出现什么新的事件。

大约在“上海黑客事件”后期的某日，笔者联系在上海的朋友（Billy），Billy 是近年来在上海最活跃的黑客大佬。我们知道他和一班网络高手每年都聚集在浦东地区举办网络安全论坛，讨论最新的黑客技术，还请来国际同行进行民间交流。我们就沸沸扬扬的“上海浦东黑客攻击国外网络”一事，探讨了是谁参与了这次黑客事件、上海黑客老手如何看待这次事件，以及未来对黑客这一行业会有哪些影响？这位身材矮小、但对黑客事业异常执着的过来人清晰地表明：他们这一批真正的黑客高手并没有卷入这些事件，但无疑的，他们用自己的方式始终关注着“APT1" 的报告内容。

应该说几年来国内真正的一些黑客高手，包括北京、上海、广东、四川等地，都在倾全力投入自己热爱的事业中，但至今还在为取得应有的经济回报拼搏。尽管时不时他们还囊中羞涩，但他们不屑于“黑客经济产业链”的诱惑，职守认定的奋斗方向。作为一批能够潜下心来认真琢磨技术，哪怕有些“天马行空”、秉性清高的“怪人”，似乎很不欣赏社会上的急功近利，甚至鄙视一些“小兄弟”借助网络漏洞和黑客工具从事违规攻击，获取一些小利。几年来，卷起的“中国黑客威胁论”旋风导致的最终结果是给某些外国集团带来巨大的经费利益和某些个人扬名天下的机会。回顾这些教训再谈及未来，我们也对现在互联网上流行的黑客工具感到担心。时下不论什么人上网都很容易获得黑客的这些“枪支炸弹”和作案方法，网下流通的更不用说了。如果今后控制不力，或者根本无法控制，那么加强我国青少年的网络道德与法规教育就显得非常的必要了。

第六章　真正的网络战悄然到来

种种迹象表明，网络安全已经被越来越多的国家提升到非常重要的地位；网络战——作为未来战争形态之一，备受重视。作为一个可能的、全新的战争形式，网络战似乎模糊了战与非战、军事战争和商战、个人违法活动和国家行为的界限，网络战的规模、影响力、震撼力、破坏力可能都会很大，如何避免网络战争以求得和平与发展，成为信息时代政治家、军事家、战略家以及专家学者们所关注的新的历史课题。

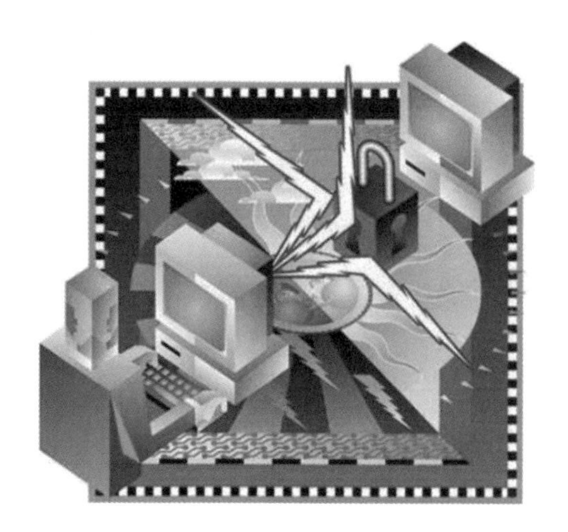

海湾战争美军用网络战瘫痪伊军空防体系

1991年的海湾战争中，计算机病毒就已登上了战争舞台。事前美国获悉一个重要情报：伊拉克将从法国购买一种用于防空系统的新型电脑打印机，准备通过约旦首都安曼偷运回巴格达。依据事先获悉的情报，美国间谍买通了安曼机场的守卫人员，运送打印机的飞机一降落到安曼，间谍就偷偷溜进机舱，用一套带有计算机病毒的同类芯片换下了电脑打印机中的芯片。伊拉克人毫无察觉，将带有病毒芯片的电脑打印机安装到了防空系统上。海湾战争爆发后，美国人通过无线网激活了电脑打印机芯片内的计算机病毒，病毒侵入伊拉克防空系统的电脑网络中，使整个系统陷入瘫痪。这是世界上首次将计算机病毒用于实战并取得较好效果的战例，从而也使网络空间战初现端倪。

在1999年的科索沃战争中，网络战再露锋芒。就在空袭与反空袭战斗紧张进行之中，网络对抗也在双方计算机桌面之间展开。南联盟由于在机械化武器装备方面处于下风，转而积极利用网络对抗手段与北约进行了一场激烈的对抗。南联盟的黑客侵袭了北约的互联网以及电子邮件系统，致使其电子邮件服务器被阻塞。黑客通过公用商业网的计算机联到对方军事系统的计算机网络上，将北约的指挥通信系统进行破坏。4月4日，南联盟黑客使用病毒侵入北约指挥通信网络，导致北约通信一时陷于瘫痪。

科索沃战争中，南联盟第一次使用多种计算机病毒和组织“黑客”实施网络攻击，使北约军队计算机网络系统曾一度瘫痪。北约一方面强化网络防护措施，同时将大量病毒和欺骗性信息送到南军计算机网络和通信系统进行干扰。

网络战对当今的战争格局产生了很大的变化，不仅是战场上的军事信息对抗，受影响的还包括了政府部门的通讯，金融网、电力网、电信网、导航系统和其他各类基础设施等，也都将成为网络战牵连的部分。如何在未来的网络战中不被动、不挨打，已经被提上了很多国家关注并加紧强化的议程。

第一节 网络战的概念

网络战是指通过计算机网络，包括互联网和其他通信网在内进行的攻防，英文通常用 Cyber-warfare（塞博空间战），其内涵更为宽阔，除了在网络上的软件、硬件对抗外，也包括网络信息内容的对抗。形式上涉及各种电子设备、存储技术、通信技术、从有线到无线的网络空间的对抗；信息内容对抗是利用真假消息削弱敌方人员的意志，占据心理对抗的上风。总体来看，信息战是在信息基础设施上进行的一种博弈。

目前可能用于进攻性的网络战软件工具和手段可谓繁多，比较常见的有：分布式拒绝服务攻击、计算机病毒、特洛伊木马、逻辑炸弹、恶性代码、网络漏洞、系统后门、芯片陷阱、微米 / 纳米机器人、芯片细菌、电波辐射、信息欺骗、密码破译分析、电子干扰机等；高能粒子定向武器、精确制导武器等则从物理上摧毁对方基础设施的硬件系统。可应用于防御性的装备和手段主要包括：防病毒措施、漏洞检测、数据加密、网络安全设计、风险分析、网络监控与告警、环境安全、网络防火墙、陷阱诱骗、数据保护与备份、移动终端安全技术、防电磁（屏蔽）、防窃听 / 窃录 / 窃照、数据库的安全技术、访问控制、审计跟踪、安全密钥管理、网络安全协议、信息犯罪侦察与取证、反情报、反欺骗等。随着时间的发展，网络战的攻与防都将出现更多、更新的技术手段。

利用信息内容方面，恐怖组织通过建立网站和各种网上媒体，广为散布宗教极端思想和民族分裂主义，随时张贴恐怖袭击的图片和消息，制造心理恐慌。有关专家估计，互联网上至少有 5000 个极端民族主义者办的网站，而且这一数字还不包括其他极端分子和组织进行交流的聊天室。

张贴在某恐怖组织论坛上的一份手册，包括了长达 80 页的炸弹制造讲解和图片，以及“圣战核弹和浓缩铀方法”。除了讲解如何用浓缩铀制造核弹外，还讲解了如何制造用于炸毁发电机或加油站的简易炸弹和生化武器的制作方法。这些信息在网上以阿拉伯语、乌尔都语、普什图语等多种语言大量传播。网络日益成为各地恐怖组织用于传播信息、恐吓和发动心理战的得力工具，还被作为筹集资金和招募成员的好帮手。

专家的分析指出网络战大体上分为三个等级：

第一个等级是通过通信干扰、破坏甚至控制对方的电子系统。这种破坏通信系统的信息轰炸方式，美国在伊拉克战争初期曾采用过，包括对伊军用系统进行电子干扰并使用网络攻击破坏伊地面部队的通信。美军的 EC-130H 干扰机在干扰伊军通信网络的同时，向部分频段的通信网络散布假消息和指令，几乎“接管”了伊军地面部队。以色列战斗机在空袭叙利亚目标时，也使用了这种网络攻击技术，控制叙利亚雷达转向。

第二个等级是通过发动小规模的网络攻击，策应、支援常规的战争行动。科索沃战争时期，大量南联盟黑客对美国重要网站发动进攻，就属于这种层次的网络进攻。

第三个等级是全面的网络战争。利用网络系统存在的安全弱点，攻击关键的基础网络，如控制电厂、精炼厂、通信以及金融机构的网络等。俄罗斯黑客对爱沙尼亚网络的大规模攻击就是这种网络战的雏形。依据目前的网络战水平，一旦实施战争级的网络进攻，可能使对方的社会生活陷入混乱，例如计算机系统大量出现死机、城市断电，银行的交易无法进行，这一切都是潜在的威胁。

除了美国以外，北约部队也在2011年举行过“网络联盟”的防御演习，共有23个北约成员国和6个伙伴国参加。英国进行网络武器开发，并将其列为国家最高机密。俄罗斯、以色列、韩国、印度、朝鲜等国和中国台湾地区，都已成立了网络战部队，本书重点介绍美国和日本的一些情况。

第二节　美国在网络战竞赛中领跑

在这场竞赛中，领跑的依然是美国。美国将网络空间与海洋、空天三个领域并列为全球公共领域，试图在获得海洋与空天领域主导权的基础上，通过在这三类领域中的进一步筹划发展，实现其谋求全球绝对优势的战略目标。美国国防部部长帕内塔曾声称:“下一个‘珍珠港事件’将来自网络。”其言下之意，21世纪的战争，很可能是从先发制人的网络攻击开始。一些人士甚至认为信息技术可能比大规模杀伤性武器更具威力。

2010年，美军成立了网络战司令部。根据美国防务专家的评估，2011年美军共有3000 ~ 5000名网络战专家，5万 ~ 7万名士兵涉足网络战。如果加上原有的电子战人员，美军的网络战部队人数应该在9万人左右，未来人数还将扩大到数倍之多。

美国网络战司令部隶属国防部战略司令部，负责保护五角大楼网络系统以及发起在网络领域的一切攻击性行动。美国原有两个网络战中心，一个负责保护五角大楼在

美国成立了网络战司令部和网络战部队后，进行了大规模网络战演习。一旦美国将这些优势用于网络进攻上，其破坏力将不是几个天才少年篡改政府网页所能比拟的，美国要掌握的是整体网络空间的控制权。

美国本土和全球范围内的网络系统，应对每天数十万起试图入侵美军网络的攻击；另一个的主要职责是对敌人发动网络攻击。例如，快速侵入敌方电脑网络系统，瘫痪对方指挥网络的电脑和依靠电脑运行的武器系统。这两个网络战部队构成了美军网络防御与进攻的盾与矛。在以上基础上这两个部门合并逐步形成为网络战司令部。这一负责网络战的司令部在级别和重要程度上都与美军核武器部队相当。

美国国防部宣布，由美国国家安全局局长基思·亚历山大陆军上将，兼任美军网络司令部司令。亚历山大之前曾担任过中央安全局局长，武装部副参谋长，美国陆军军事情报营指挥官，美军中央司令部的情报处主任等职务，拥有 4 个硕士学位，分别是波士顿大学的经济管理专业，海军研究生院的资讯系统科技和物理学专业，以及美国国防大学的国家安全战略专业。

美国网络战部队需要试验各种网络武器的效果，制定美国使用网络武器的详细条例，以及训练出一支“过硬的网上攻击队伍”。在网络窃密方面、网络舆论战以及网络摧毁方面寻找到网络漏洞，破解文件密码，盗出机密信息；通过媒体网络，编造谎言、制造恐慌和分裂，破坏对方民心士气；运用各种“软”、“硬”网络攻击武器，进行饱和式攻击，摧毁对方政府、军队的信息网络。在成立了网络战司令部和网络战部队后，美国进行了大规模网络战演习，使得美军网络进攻能力已是水到渠成。一旦美国将这些优势用于网络进攻上，其破坏力将不是几个天才少年篡改政府网页所能比拟的，美国要掌握的是整体网络空间的控制权。

第三节　美国如何培养网络战人才

美军早在 1995 年就从美国防大学的信息资源管理学院信息化战争学校培养出第一代网络战士，负责在战争中执行网络战任务。2013 年 3 月美国网络战司令部司令在国会就公开宣称，美军将新增 40 支网络部队，其中 13 支主要用来进攻。亚历山大司令明确表示，网络部队并不仅是一支防御性的队伍，还应该是一支进攻性的队伍，如果美国在网络空间遭受攻击，国防部会用这些队伍来保卫自己国家。亚历山大还表示，除了位于美国马里兰州的网络战司令部总部 917 名人员之外，还有来自所有 4 个军种的超过 1.1 万人参与到网络战部队。而美国《外交政

美国组织网络部

策》杂志报道说，从公开数据估计，美国的网络战部队包括海陆空总人数约为5.3万~5.8万人。五角大楼每年在网络安全方面的投入超过30亿美元，其中在人才培养方面是不遗余力的。

本书开头提到的在拉斯维加斯每年召开的民间黑客大会，有顶尖的黑客到场以及“夺旗”竞赛等活动。美国网络战的“猎头”也都会到那去，把现场竞赛当中最优秀的选手直接纳入到它的网络部队。同时，为了直接选拔和发现人才，不惜自己举办各种“黑客竞赛”。据美国媒体2013年3月15日的报道，美国国家安全局（NSA）与美国卡内基梅隆大学4—5月份联手举办“高中黑客大赛”，为政府直接物色、培养新一代的“网络安全战士”。6—12年级的初中和高中生都可以个人或团体的名义参赛。主办方特别表明，参赛者不需要已经是一个黑客，“我们会教你需要知道的东西”，学生可以学习“如何识别安全漏洞，并进行实际环境的攻击。”

比赛官网上提出的比赛任务有：“当一个从太空来的机器人坠毁在你家后院时，要求你利用黑客技能来修理它，并揭开它所携带的秘密。”网站特别标明本次比赛是由NSA提供的赞助。NSA表示，美国需要大量的网络安全专业人士，帮助美国变得更加安全、应对未来的挑战，“当涉及国家安全，没有什么可以替代一个专业的、才华横溢的网络团队，我们需要最好、最聪明的人，来帮助我们战胜对手。”

我们来看看《纽约时报》介绍的华盛顿地区的一场学生竞赛。八年级的中学生阿兰·亚斯卡曾经琢磨出如何编写一个简单的脚本程序，让键盘上的大写锁定键能在一分钟内开关6000次。然后，当朋友们不注意时，他把这个程序植入了他们的电脑。这原本是个玩笑，但这个程序在学校的计算机里蔓延开来。17岁的亚斯卡被罚不准出门，放学后被罚留校。不过，他正是美国国土安全部在寻找的那种人。美国顶级的计算机安全培训师之一埃德·斯科迪斯（Ed Skoudis）说，“我们必须向他们显示，这样的工作有多酷、有多刺激；向他们显示，将这些技术运用到公共部门相当重要。”从年轻人入手，让这项工作成为一个游戏，甚至是一项有刺激性的竞赛。

弗吉尼亚州的“州长杯计算机网络挑战赛”构思来自网络安全专家艾伦·帕勒（Alan Paller）以及该领域的其他专家。竞赛的确很像一种电子游戏以及借助于仿真网络战的军事演习形式，这次竞赛本身可与第二次世界大战期间紧急培训战斗机飞行员相比。来自弗吉尼亚州110所高中的大约700名学生申请参加选拔赛，有40名学生获得了预赛资格。然后，进一步前往乔治梅森大学（George Mason University）参加了“州长杯”的挑战赛。在那里，大家发现了在学校里没有碰到的现象：一个由十几岁、志同道合的年轻人组成的生气勃勃的群体，一个探讨高度专业化技能的出类拔萃者的群体。这对于一些不太合群的孩子来说第一次有了自己的空间和同龄群体，他们兴奋不已地讨论着晦涩难懂的计算机问题，以前从来没有这样的机会，他们兴奋、投入，得到了迅速升华成长，就连他们的父母也感到异常惊喜。

美国高中生在进行网络黑客大赛

参加决赛的学生们面临进行五个级别的测试，这和军方用来测试内部安全专家的一样。例如，通过破解登录密码找到计算机系统中的弱点，或者窃取网络管理员账号而赢得分数；如果入侵计算机改变了网络管理员的权限、或恶搞了对方一个网站，则对方防卫者就会被淘汰出局。比赛的积分会被实时显示在一个排行榜上，供裁判和观摩者们评判。几个小时之后，获胜者被宣布。有三分之一的学生过关进入新一轮的竞赛，据竞赛主席、海军少将吉德・戈德温称，通常只有拥有七到十年计算机经验的才能达到这一级别。亚斯卡和他的同学贝曼脱颖而出，亚斯卡最终获得第一名，他获得了一笔 5000 美元的奖学金；贝曼名列第三，获得了 1500 美元。

美国空军也开展一个名为“网络爱国者”的全国高中生的竞赛，参赛者针对一支试图窃取数据的“红队”展开防御。美国国防部还举行了有关数字取证调查的挑战赛（Digital Forensics Challenge），不过，这个竞赛不是为高中生办的。数字取证对于防恐和反间谍极为重要，比赛双方要挑选精良的取证工具，运用科学的取证方法以及严谨的逻辑思维，才能在一个案件的复杂线索中理清入侵者的痕迹，还原入侵的过程。数字取证调查的比赛通常要大学以上的学生或专业部门人员参加。美国国防部举办这个竞赛目的是要建立起一个系列的竞赛体系，类似于上初中、高中、大学，直至获得博士学位一样。

《今日美国报》报道说，隶属美国联邦政府的诺思罗普－格鲁曼公司，现在就已开始招收甚至年仅 16 岁的网络安全岗位实习生了。马里兰大学的网络安全中心已开始关注那些有着数学及科学天赋的中学生，通过参加夏令营和周末研讨会的方式参与学习网络安全知识。

从美国 2.2 万个互联网招聘网站的数据分析出，在包括 2012 年在内的 5 年里，网络安全领域的招聘岗位数量增加了 73%，是整个计算机领域招聘岗位平均增速的 4.5 倍。这时期的媒体将网络安全相关的职位视为信息技术产业最热门的工作，并指出到 2015 年，美国将需要 70 万名网络安全领域的新增从业者（源自：中国参考消息网）。美国各州的许多大学里增设了网络安全硕士学位，安排了内容丰富的学习课程，包括信息安全、网络安全、系统安全以及数据安全和网络协议的安全等。有的课程，如加密解密技术掺夹在各课程分支中；新兴的课程，如数字取证技术综合了各课程的内容。

第四节　研究新型网络战武器和演习

据《新华网》报道：2012 年 7 月 11 日，美国国防部发布了《云计算战略》，明确未来美军“云计算”的发展步骤、管理方式和发展思路，标志着美军的军用“云计算”技术大规模建设和推广工作正式启动。同年 11 月 20 日，美国发布了“基础网电作战”跨部门的项目公告，征询该计划的技术研究方案。这项工作是国防高级研究计划局（DARPA）发展网络攻击型武器的一个项目，标志着美国网络空间的军事行动进入了新阶段。DARPA 开始为网络空间攻击能力构建平台，并呼吁学术界和工业界的专家参与。美军网络司令部通过积极的开发，部署了一系列进攻性和防御性、摧毁性和非摧毁性、致命性和非致命性的网络战武器。

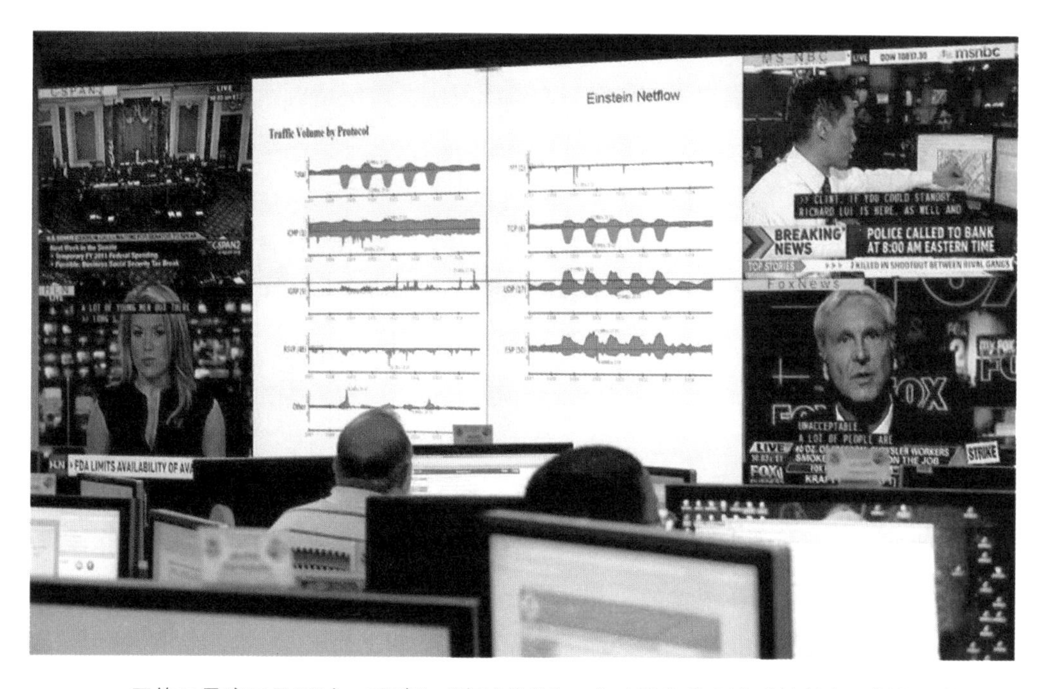

网络风暴演习是通过一系列的“实战操作”，应对黑客袭击造成的断水、断电和断网等突发事件的能力将得以改善。最近，美国总统奥巴马下令联邦政府开始制定“国家网络事故应对方案”，上述演习就是这个方案付诸实施后，各部门的首次“全面合练”。美国境内 11 个州政府和 60 家私人公司报名参加。

2010 年 12 月为瘫痪伊朗布什尔核电站，从而阻挠该国的核发展，美国连同以色列向伊朗的计算机系统植入“震网”病毒。“震网”病毒是世界上首个得到公开证实的武器级软件，一些人称它为“数字制导导弹”。另外，在 2011 年 3 月 19 日开始的利比亚战争中，美军在战争爆发前夕，干扰和入侵利比亚的互联网和通讯网，给其高级将领的手机发送策反短信，并以卡扎菲父子直接统领的第 9 旅和第 32 旅为目标，实施电子渗透和网络攻击。美军甚至还研制了一种病毒，能使对方的显示器屏幕出现难以觉察的闪烁，造成操作人员发生视觉疲劳和莫名的头痛，这可以算作是一种网络生理战武器。

2011 年，美国继续建设国家网络靶场，依托靶场测试新型网络攻防技术，并对攻击效果进行可靠性评估。2012 年 5 月 28 日，一种名为“火焰”的计算机病毒作为超级网络武器，攻击了伊朗等国的许多计算机。这是迄今为止更为强大的网络炸弹，威力是 2010 年网络炸弹“震网”的 20 倍。

美国认为，网络空间是一个面对风险不断加大的领域。一名黑客对美国的核反应堆、地铁和石油管道等造成的威胁，可能要比一个国家的军队对这些设施造成的威胁要大。因此，美国必须使用一切必要手段防御至关重要的网络资产，像对待其他任何威胁一样，对网络空间的敌对行为做出反应，并保留诉诸武力攻击的权利。

在新泽西州的东郊建有一座模拟的“电脑城”，这是美国军方首屈一指的网络战模拟器之一。它坐落在郊区一个毫不起眼的地方，里面有火车模型、微缩的手机信号塔以及路灯，所有这些东西都连在微缩电网上。模拟现场，一列运载放射性物质的火车正高速驶向一个小镇，而决定要不要让这列火车脱轨的正是“五角大楼的网络战操作员”。模拟演习危机四伏，还有恐怖分子利用开放的 Wi-Fi 连接，侵入一个在镇上医院里工作的雇员的笔记本电脑，打算找出存在他电脑中的医院密码，从而获取市长的病历，然后修改这位市长定期服用的药物的剂量，从而达到毒害他的目的。他们还可能利用恶意电脑病毒切断电网，设计一个程序让水库看起来受到了污染，从而破坏当地的供水系统。当员工向水中倾倒化学品来解决这个问题时，他们会不经意间完成恐怖分子想让他完成的事情：污染供水系统。模拟的“电脑城”只是一个压缩在一张 10 英尺（1 英尺 =0.3048 米，下同）长、8 英尺宽的胶合板上的小城镇，但其复杂的电子器件凸显了五角大楼为加强其网络战进攻性能力所做的努力，其目的是通过发动越来越复杂和具有挑衅性的袭击来增强美国的网络战能力，因为这些袭击有可能会彻底改变美国军方打网络战的方法。

来自 12 个盟国的技术人员也应邀加盟“网络风暴Ⅲ”的演习，这些国家有澳大利亚、英国、加拿大、法国、德国、匈牙利、日本、意大利、荷兰、新西兰、瑞典及瑞士。

实际环境的网络攻防演练历年来不断扩大规模，2006年2月，美国联合英国、加拿大等国联合举行了“网络风暴Ⅰ”“网络风暴Ⅱ”演习和2010年9月的“网络风暴Ⅲ”演习都是通过真实的互联网实施，对关键基础设施和重要资源的可靠性进行了试验评估。演练的主要目的是应对黑客对美国境内供电、供水和银行系统所展开的闪电战，提高在受到网络入侵破坏时的反应速度。“网络风暴Ⅲ”的演习针对一系列的攻击操作，试验应对黑客袭击造成的断水、断电和断网等突发事件的能力。美国境内的11个州政府和60家私人公司报名参加，除了国土安全部以外，国防部、商务部、能源部、司法部、财政部和交通部等美国联邦政府机构纷纷派出精兵强将参演。来自12个盟国的技术人员也应邀加盟“网络风暴Ⅲ”的演习，这些国家有澳大利亚、英国、加拿大、法国、德国、匈牙利、日本、意大利、荷兰、新西兰、瑞典及瑞士。

“像这样的演练将使我们能够很好地利用我们已经取得的巨大进展，应对不断进化的网络攻击。”美国国土安全部部长在一份声明中说道。报道称，这种应对网络攻击的演练美国国土安全部每两年组织举行一次。此外，美国空军太空司令部从2001年1月起已经主持进行了7次被叫做“施里弗”的演习，重点也都是“在未来军事斗争中如何运用太空与赛博空间”，这类演习在美国已经变得越来越成熟和普遍。

第五节 日本网络空间防卫队

日本政府的2012年的《信息安全年度报告》显示，日政府机关受到的被认定为“威胁”的网络攻击数量约达108万起，较上年度约66万起有大幅增加；期间也认为“来自中国”的网络攻击在持续增加，需要大力加强监视和建立政府防卫体制。现在日本已经建立起了类似美国的网络战部队，这支部队不再是单纯进行研究开发的组织，而是实实在在开展网络战的准备。日本以前的有关法制没有设想“网络攻击”，现在日本防卫省和外务省开始了专门的举措，对法律进行新的解释。根据防卫省的决定，为了加强对国际黑客集团的网络攻击做出反应的能力，将由陆海空自卫队在2013年年底前建立一支统一的部队，暂名“网络空间防卫队”，并准备在下一年度的预算中列入约100亿日元的概算要求。

日本新设立的网络战部队主要负责以下四项任务：①收集情报：收集关于网络攻击的民间最新情报；②动态分析：分析计算机病毒的入侵线路；③静态分析：分析病毒本身；④应对演习：对实际受到攻击时的防御和跟踪体制进行演练。在演习过程中，为了实施攻击与防卫，还将开发新型病毒等网络攻击技术，并且培养拥有网络领域专门知识的人才。

防卫省制定了加强防卫省和自卫队防御网络攻击能力的计划，明确表示网络空间是和陆、海、空、太空并列的第五空间。防卫省针对网络攻击对策共提出了212亿日元的经费要求，其核心就是建立网络空间防卫队；此外，还有关于网络攻击演习的研究开发费用和提高防御与分析能力的器材的费用。随着网络战部队的建立，日本将着手研究一种对网络攻击中的病毒进行分析的网络防御分析装置，同时研发能够跟踪对手的新病毒。

随着日本网络空间防卫队的创建，防卫队汇集了已经存在的“自卫队指挥通信系统部队”和分散在陆海空各自卫队内的网络战力量。大幅度加强了自卫队和防卫省正在使用的网络监视体制，充实和强化了基础设施。日本网络空间防卫队将是陆海空自卫队统一处理网络攻击的核心组织，日本防卫省还考虑与美军的网络战部队进行联合训练，并且派遣人员到美国留学，培养网络战的高级人才。

第六节　依靠创新与合作追赶

日本陆海空自卫队的主要驻地和基地之间的通信，都是靠防卫情报通信基础DII（Defense Information Infrastructure）实施的。DII通过微波线路以及从通信公司租借的外部线路和卫星线路，由数据通信网和语音通信网构成。目前陆海空自卫队都严重依赖卫星通信，因此，对于网络攻击不敢小视。根据日本媒体报道，负责研发网络战武器的是防卫省负责兵器开发的技术研究本部，早在2008年度就对“网络安全分析装置研究试制项目”进行了招标，富士通公司以1.785亿日元中标。这项三年计划，除了开发对网络攻击进行监视和分析的装置外，还着手开发相关的计算机病毒。

2012年日本信息通信研究机构公布的“网络攻击警告系统”曾引起世界各国

关注，这个系统被称为“DAEDALUS”，能够实时观看网络攻击的情形。引人瞩目的是通过 3D 图像技术实现可视化的动画效果，并能够做出网络攻击的警告。并以 3D 球状形式显示日本 NICT 监控下的 19 万个 IP 地址所组成的通信网络。该系统的本质是 SOC（Security Operations Center），即安全管理中心的日常网络监测系统。它借助从网络各支撑节点（交换机、路由器等）、安全设备（防火墙、IDS 入侵检测系统、IPS 入侵防御系统、防病毒系统、自动漏洞检测系统等）、计算节点（桌面终端计算机、服务器、数据库等）以及分布在各处的网络探测监控引擎，对网络各层面的信息进行全方位检测，对攻击事件进行自动化关联、分类、告警和展示。该系统中间的球表示互联网，环绕在周围的圆圈表示正在观测中的网络，发生攻击的情形通过 3D 图像来显示，可以从任何视角旋转观看，被攻击的地方将会出现大量的动态箭头流，用户只需随着这个箭头流的指向就可以找到病毒的所在地，从而避免繁琐的查找办法。视频中所展示的安全告警信息包括：攻击源地址与端口、攻击目的地址与端口、攻击时间、攻击类型以及告警等级等。这类智能可视化的技巧被首次充分运用到网络安全检测系统上，当然，DAEDALUS 也不是终极版，任何技术都还有进一步发展的空间（有关视频资料可以浏览网页 http://www.cnbeta.com/articles/193270.htm）。

有日本人士承认，在日本遭受秘密网络攻击的时候，会雇用民间的网络战高手，进行秘密反击，隐藏政府的参与。日本政府特别重视涉及军事的民间企业的信息安全。2011 年 9 月，三菱重工业公司和 IHI 公司等与防卫有关的企业受到网络攻击，政府机构和民间企业情报泄露的风险令日本立即加强了内部合作的机制。为了防止网络上企业机密情报被盗取，警察厅与 NTT 公司等负责企业信息系统安全的 10 家公司建立了“防止非法通信协议会”。警察厅也支持关注网络安全的企业本身设立联合体，该联合体加盟了约 4800 家公司，共同推进相关安全信息的共享。

日本政府为了跨越省厅壁垒进行合作，提供了灵活机动的援助政策。他们在内阁官房情报安全中心（NISC）内设立了情报安全紧急援助小组（CYMAT），并在首相官邸正式办公。CYMAT 为了援助防御网络攻击的措施，准备由内阁府和相关省厅的官方职员构成，业务内容是在受网络攻击导致政府机构的信息系统出现严重障碍的时候，采取措施防止损害扩大。并在情报安全中心的领导下，针对各府省厅遭到的网络攻击，修复、取证和调查原因以及防止攻击再次发生，提供技术援助和建议。

日本政府与东盟（ASEAN）于2014年起确立相关合作机制，当相关国家电脑终端遭到黑客攻击时采取共同应对措施。报道称，日本政府于2013年12月在东京举行由东盟（ASEAN）十国首脑与日本首相安倍晋三出席的特别会议，届时各方领导人就这一计划进一步交换意见。《产经新闻》评论称，网络攻击对于一个国家的安全保障构成严重威胁，各国如果只依靠自身力量，恐难以全面应对。据报道，日本政府将与东盟在“预警网络攻击及发现感染病毒时的发布警告系统”开展合作开发，以便今后共同调查遭到黑客攻击或感染病毒的电脑终端。值得关注的是，日本媒体在报道网络攻击事件时，总是先入为主地认为“攻击来自中国”。

第七节　日本的黑客技术竞赛

2013年3月，鉴于日本的政府机关以及企业等相继遭到网络攻击，为了培养能够防御网络攻击的人才，一个关于黑客技术和知识的竞技比赛在东京举行。熟知黑客技术、从事防御网络攻击的人士在日本被称为“白帽黑客”。日本政府首次举办的本次黑客技术比赛，经济产业省为此投入了7000万日元的预算资金。由IT企业的员工以及研究生院的学生等组成的46个参赛小组参加了预赛，从中选拔出的9个小组进行决赛。

一位参赛者表示：“平时只是考虑如何防御网络攻击保障系统安全，通过这次参赛，从攻击方的角度体验了黑客的心理，非常有收获。”经济产业省信息安全政策室的负责人上村昌博表示：“在欧美和亚洲其他国家，这样的竞技比赛已经很普遍，各国都在为培养相关人才倾注力量。日本现在缺乏信息安全方面的人才，我们希望通过此类比赛能够促进有关人才的培养工作。”（源自：比特网）

2013年8月，由非营利机构“日本网络安全协会”出面主办的日本最大规模的黑客大赛SECCON 2013开张，设有“黑客攻击分析中心”的日本警察厅宣布为此竞赛提供后援（协办单位）。据悉，警察厅协办黑客大赛尚属首次。除警察厅外，日本政府部门的国家信息安全中心、内务部、教育部和经济部等也都作为协办单位，此外，还有一些主要的研究机构与财团组织，如NICT（信息与通信技术研究所）、IPA（信息技术促进会）以及近年密切关注安全与隐私问题的JIPDEC

日本政府组织网络黑客竞赛，发掘黑客人才。（右图为竞赛大厅现场）

（日本情报处理开发协会）和日本经济组织联合会（经团联）。警察厅长官米田壮在记者会上称“期待通过此次比赛发掘人才，今后也会继续提供必要的支持。我们也会鼓励警察厅内的人员参加比赛”。

参赛不设年龄限制，学生或社会人士均可以，最多 4 人为单位组队参赛，比赛内容为网络攻击技术和相关知识，报名免费。定于 8—12 月在横滨等全国 9 个城市展开预赛，各地冠军队及网上预赛的前几名于第二年的 3 月在东京举行全国大赛。

日本 SECCON2013 黑客竞赛的时间表与比赛地点

时间表	举行区域	比赛地点
8 月 22—23 日	关东（横滨）	太平洋横滨（CEDEC 挑战）
10 月 5—6 日	东海（长野）	工程，信州大学学院
10 月 5—6 日	九州（福冈）	九州工业大学信息技术部
10 月 20 日	四国（香川）	香川大学信息技术中心
11 月 9—10 日	东北（福岛县）	福岛县
10 月 30 日—11 月 1 日	北海道（札幌）	札幌
10 月 30 日—11 月 1 日	北陆（富山）	英特大厦“塔 111”
12 月 14—15 日	东海（名古屋）	WINC 爱知
12 月 14—15 日	关西（大阪）	我的巨蛋，大阪
1 月 25—26 日	线上资格赛	信息安全研究所
3 月 1—2 日	全国会议（东京）	东京电机大学

全国大赛于 2014 年 3 月 1—2 日两天在东京电机大学举行的，该比赛就保护信息不受网络攻击的技术展开“夺旗”竞赛，即各队要尽快攻破其他各参赛队主管的服务器并插上虚拟旗帜，同时，要保护自己主管的服务器不被攻破。报道称，日本的 SECCON2013 黑客竞赛共有 509 支队伍的 1312 人参加，前 20 名的队伍在预赛中出线后参加东京的全国大赛。最终的比赛获胜结果被代号为“0x0”的代表队取得，该队平均年龄才 18 岁多，由一名高中生和四个技术学院的学生组成，队员们分别来自不同的县，是在安全训练营里才相互认识的；队长年仅 19 岁，是一名位于九州熊本市的学生。

纵观美日两国网络战部队的一些基本情况，可见两国的重视程度都相当之高，投入的经费十分充足，已达到的战斗力不可低估。美国在网络战的硬件基础方面具备较大优势，包括计算机的芯片、网络核心设备等均在全球市场上占有绝对比例。日本在软件方面依靠自我创新随后紧跟。两国都部署和利用了全球范围的网络监控系统，同时在网络战演习方面已经初步形成多国多种的协同作战方案；在人才储备方面，从数量到质量都有了相当的规模和积累。尤其是鼓励年轻学生踊跃参加各种黑客技术竞赛，不拘一格地从中选拔和招聘尖子人才，将之纳入未来网络战的人才库里，这些做法的意义极为深远。

结　语

这是一本用互联网写互联网的书，从回顾互联网如何到中国，分析互联网的现状与问题，以及对互联网的安全未雨绸缪。书中很多信息源来自网上，未免担心有些信息的可靠与准确，尽管作者尽心筛选，难免有把握不周的地方。但是，还是要感谢互联网的伟大功力，尤其要感谢各网站和媒体对中国问题的大量报道以及提供的大量图片。全书各章力求做到重证据，去敏感化的字眼，目的是让海内外有更多的读者了解事实、尊重历史，并看好未来。

科研与军事的需求带来了互联网，但并未解决好互联网的全部技术。航空事业经过一百多年的改进，才有今天乘坐飞机相对安全的保障；原子工业则基于辐射安全的困难选择了缓慢和慎重的发展。现在人们崇拜信息技术、盲目地闯进“网络社会”很可能要交一笔很大的学费。所幸的是，今天人们已经把网络安全与信息化并列并举，这是一个何等的进步！

当互联网刚出现时，人们更多想到的是在全球网络中的信息共享，理想中的远程教育，甚至可以请远在异地的名医诊断、远程执刀；回家前，可以通过手机接通网络遥控家中开窗通风、调整温度、让微波炉热一杯奶，尽情地欣赏网络电影、音乐等。然而，您相信的“无限美好”的电子时代，是否又会像半个世纪前人们期待原子能时代一样，最终却惶惶不安地担心互联网的麻烦，就像人类要限制核扩散一样？

网络安全与信息化建设要一起考虑，甚至要把它放在第一位置上，这是多年来很多决策者没有做到，甚至也没有想到的。原因很简单，这些决策者不是信息化技术的明白人，或者被一些权位利益所左右。作者了解到的一些早期重要网络工程中网络安全的投资比例往往不到总投资的百分之五，甚至为零。少量的安全投资资金还经常用不到关键点上，仅仅成为某种点缀而已。作为网络安全最重要的因素，人才的因素通常被忽视。说实在的，网络安全靠一些设备、工具并不能解决问题，极为关键的是能否拥有一些掌握网络安全的高手！

由于“黑客”已经成为贬义词，从事网络安全的高手已不太适应人们称他们为“黑客”，他们更希望能获得“安全卫士”的称谓。早年的黑客高手分别投身到政府机构或科研系统，更多的是进行创业或就业于网络安全公司。由于信息技术的突飞猛进，应该说黑客高手也面临着紧迫的需要不断学习交流的挑战。2011 年 9 月 22 日在上海召开的 COG 信息安全论坛会上，有三百多人出席，包括中国网络安全界诸多元老和国内黑客组织核心成员及网络安全专家。论坛的主题围绕互联网的安全事业如何追求技术自由、共享、互助等展开，力求重建被忽视已久的真正的“黑客精神”。 会议设置了奖项，包括最佳团队奖、杰出贡献奖、终身成就奖、民族贡献奖、新人奖等，除了对老一代黑客的褒奖，也表示对新生代技术创新的鼓励和支持，也警示年轻的黑客们要自重，不应过早地陷入商业以及黑色产业链的漩涡中去。

在 2013 年的国际黑帽技术大会上，黑客和安全研究人员离开传统的技术，探索突破物联网的各种漏洞，如智能住宅系统漏洞和造成车祸的车联网漏洞。研究人员警告说，当窃贼把他们的开锁器和撬棒换成笔记本电脑和无线网扫描仪的时候，我们的住家比汽车更容易受到攻击。犯罪分子甚至可以“策反”我们的电视和网络摄像头，通过它们来监视我们的一言一行。由网络控制的灯泡可以被篡改控制的，从而随时可能出现“黑灯”。数字冰箱会被病毒感染而关机，里面的食物都烂了，你却一无所知。在物联网时代，你也许还需要为你的高科技马桶下载安全补丁，否则某些黑客也许只是恶作剧，然而后果却非常棘手。当这些物联网技术日益成真的时候，我们确实不敢指望我们的住房、汽车和自己的身体能够制止住网络入侵的猛烈冲击。

巴纳比・杰克（Barnaby Jack）原计划在黑帽技术大会上展示如何通过攻击包括个人起搏器在内的植入型医疗装置来“杀人”。他最为知名的一次黑客攻击表演，是让一台自动柜员机往外不断地吐钱。不过，就在黑帽大会之前不久，三十来岁的杰克突然身亡，死因尚未确定。实际上，他被称作是一名“有道德的黑客”，他希望把攻击起搏器的演示壮举，作为对器材制造商的警示。今天，但凡有科技的地方，你都会无可避免地发现黑客的身影和幽灵！

展望未来，大数据的时代正在到来，“云计算”被一直看好。云端谁知晓，黑客早磨刀。“云服务”本身为黑客提供了最好的隐身处，借助“云技术”的功能，黑客可以递交成千上万的恶意代码作业，去达到某种目标。黑客可以设计出花样百出的各种木马植入云端，跟你捉迷藏。突破“云计算”的虚拟技术，将病毒污染作为献给运营商的厚礼。

网络战的忧患可能还不止于人类自身的对抗，未来的世界里高度发达的机器人崛起很可能会不经意地营造出人类自己的敌手。超级智能机器人的能力与自我修复功能可能前所未见，它们会不会群起修改人类编写的软件而成为“机器人黑客”？还有值得我们考虑的是，如果真有一天宇宙星球大战拉开序幕，外星人是否会首先控制住地球人类的信息系统？面对星外黑客的来临人类该如何应对？

眼下，我们直接面临的是国际犯罪集团与网络恐怖主义，他们正在无孔不入地使用互联网来达到他们的目的。从情报联络、收集黑客工具到网上舆论传播等。许多国家都在为此加大投入、培养人才，奋力应对。一个国家的核心竞争力还是人才问题，你可以培养千军万马，但高科技不是看有多少数量，而要看有多少真正的高手。

网络信息安全是一门技术相对综合、高新交叉的学科，选择这个专业，甚至作为一个终生的事业，应该说是非常自豪和有挑战性。对中国来说，这是迫在眉睫的最大的“希望工程”，这个工程不是一蹴而就。需要若干年的时间积累和一批批的人才梯队。认识不到位、空谈强国只能是误国。信息时代对网络犯罪和恐怖分子形成许多新的环境特点，为他们的得手不断提供主动权，网络安全人才的培养和重用是一天也耽误不起的！

作者最后要说，请允许将本书献给我的学生和弟子们，虽然我在国内早早地提出了要研究网络安全的专题，但在这近二十年的时间里是他们鼓励和支持我实现了这些年对黑客及网络安全技术的专注研究，也是他们毕业后在工作岗位上的成就给了我极大的欣慰和宽心。他们今天有分配在机关部委的，有在执法机构的（包括在职就读生），也有奋战在教育科研部门和公司企业的。虽然，我们大部分只有 3 ~ 5 年时间的相处，或者更短的时间，难忘我们在一起探讨、磋商，一起出差、熬夜的时刻，甚至一块外出郊游的日子！我把他们每位都推到了前沿位置，鼓励他们尽可能去挑战最新的网络安全技术，大家并肩拉手一起向前冲！今天，他们中的绝大多数人都在各自的岗位上展示着卓越的才华，创造着一批批的业绩，“未来更需要你们！”